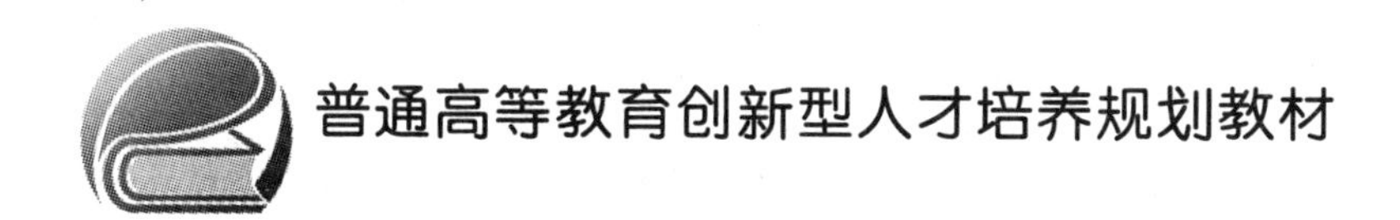

电路实验教程

(第2版)

主编　高卫民　张　平

北京航空航天大学出版社

内 容 简 介

本书是近年来作者在实验教学的基础上编写而成的。书中编入各种电路实验29个，主要内容有基本电工仪表的测量误差实验；直流电路实验；最大功率传输条件的测定；受控源VCVS、VCCS、CCVS和CCCS的实验研究；典型电信号的观察与测量；一阶、二阶电路响应的研究测试；R、L、C元件阻抗特性的测定；交流电路实验；双口网络测试；负阻抗变换器；回转器；三相交流电路电压、电流和功率的测量；单相电度表的校验；功率因数及相序的测量，及电动机启动控制电路安装实验。

本书实验丰富、内容新颖，可作为高等院校电子类、通信类、自动控制类和计算机类专业的基础实验教材。

图书在版编目(CIP)数据

电路实验教程 / 高卫民，张平主编. -- 2版. -- 北京 : 北京航空航天大学出版社，2018.8

ISBN 978-7-5124-2734-1

Ⅰ. ①电… Ⅱ. ①高… ②张… Ⅲ. ①电工实验—高等学校—教材②电路—实验—高等学校—教材 Ⅳ. ①TM-33②TM13-33

中国版本图书馆CIP数据核字(2018)第123394号

电路实验教程(第2版)

主编 高卫民 张 平

责任编辑 董 瑞

*

北京航空航天大学出版社出版发行

北京市海淀区学院路37号(邮编100191) http://www.buaapress.com.cn

发行部电话:(010)82317024 传真:(010)82328026

读者信箱:goodtextbook@126.com 邮购电话:(010)82316936

北京宏伟双华印刷有限公司印装 各地书店经销

*

开本:787×1 092 1/16 印张:10 字数:256千字

2018年8月第2版 2018年8月第1次印刷 印数:3 000册

ISBN 978-7-5124-2734-1 定价:24.00元

前　　言

培养学生的实验能力和实际操作技能是高等院校教育的重要内容之一。实验是帮助学生学习和运用理论来处理实际问题和解决实际问题的非常重要的一个环节。本教材不仅帮助学生验证所学的基础理论知识，更重要的是训练学生的实验技能，提高学生分析问题和解决问题的能力，培养学生严谨的科学作风。

全书共分两部分。

第一部分为实验内容，主要介绍了29个电路实验。其中包括直流电路、单相交流电路、三相交流电路、电动机启动控制电路和安装实验等。教师可根据不同专业的要求选择不同的实验内容。

第二部分为附录，内容包括电工电子类常用仪器仪表的基本知识、使用说明及误差分析和计算。学生认真阅读后即能掌握有关仪器仪表的使用方法。通过该部分内容的学习及在实验课中的应用，学生可提高使用仪器仪表的能力。这是一个工程技术人员应该具备的基本技能。

本书由郑州轻工业学院的高卫民老师编写实验十四～实验二十、附录二及实验部分插图；郑州轻工业学院的张平老师负责编写实验十～实验十三及附录一；郑州轻工业学院的曾黎老师负责编写实验一～实验九部分；郑州轻工业学院的胡哲源老师负责编写实验二十一～实验二十九部分。高卫民老师负责全书的统稿及协调工作。书中部分未标注型号的实验设备可依据各校实际情况确定。

由于作者水平有限，书中的不妥之处，衷心欢迎读者，特别是使用本书的教师和同学们批评、指正，并提出改进意见。

编　者

2018年2月

目　　录

第一部分　电路实验

第二部分　附　录

第一部分　电路实验

实验一　基本电工仪表的使用及测量误差的计算

一、实验目的

(1) 熟悉实验台上各类电源及各类测量仪表的布局和使用方法。

(2) 掌握指针式电压表和电流表内阻的测量方法。

(3) 熟悉电工仪表测量误差的计算方法。

二、原理说明

(1) 为了准确地测量电路中实际的电压和电流,必须保证仪表接入电路后不会改变被测电路的工作状态。这就要求电压表的内阻为无穷大和电流表的内阻为零,而实际使用的指针式电工仪表都不能满足上述要求。因此,当测量仪表一旦接入电路,就会改变电路原有的工作状态,这就导致仪表的读数值与电路原有的实际值之间出现误差。误差的大小与仪表本身内阻的大小密切相关。只要测出仪表的内阻,即可计算出由其产生的测量误差。以下介绍几种测量指针式仪表内阻的方法。

① 用"分流法"测量电流表的内阻。图 1-1 所示为可调恒流源实验电路。图内 A 为具有被测内阻 R_A 的直流电流表。测量时先断开开关 K,调节电流源的输出电流 I 使 A 表指针满偏转;然后合上开关 K,并保持 I 值不变,调节电阻箱 R_B 的阻值,使电流表的指针指在 1/2 满偏转位置。此时有

$$I_A = I_S = I/2$$

所以

$$R_A = R_B \mathbin{/\!/} R_1$$

式中,R_1 为固定电阻器之值,R_B 可由电阻箱的刻度盘读得。

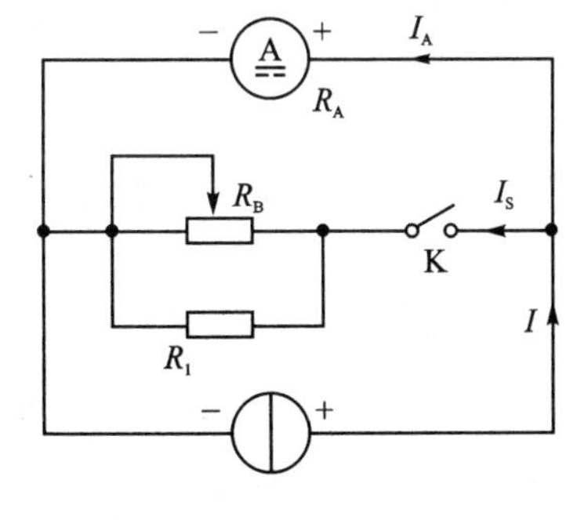

图 1-1

② 用"分压法"测量电压表的内阻。图 1-2 所示为可调恒压源实验电路。图内 V 为具有被测内阻 R_V 的直流电压表。测量时先将开关 K 闭合,调节直流稳压电源的输出电压,使电压表 V 的指针为满偏转;然后断开开关 K,调节 R_B 使电压表 V 的指示值减半。此时有

$$R_V = R_B + R_1$$

电压表的灵敏度为

$$S = R_V U_V$$

式中,U_V 为电压表满偏时的电压值。

(2) 仪表内阻引起的测量误差(通常称之为方法误差,而仪表本身结构引起的误差称为仪表基本误差)的计算。

① 绝对误差和相对误差:以图1-3所示电路为例,R_1 上的电压为 $U_{R_1}=\dfrac{R_2}{R_1+R_2}U$,若 $R_1=R_2$,则 $U_{R_1}=\dfrac{1}{2}U$。现用一内阻为 R_V 的电压表来测量 U_{R_1} 值,当 R_V 与 R_1 并联后,$R_{AB}=\dfrac{R_VR_1}{R_V+R_1}$,以此来替代上式中的 R_1,则得

$$U'_{R_1}=\left[\frac{R_VR_1}{R_V+R_1}\Big/\left(\frac{R_VR_1}{R_V+R_1}+R_2\right)\right]U$$

绝对误差为 $\Delta U=U'_{R_1}-U_{R_1}=U\left\{\left[\left(\dfrac{R_VR_1}{R_V+R_1}\right)\Big/\left(\dfrac{R_VR_1}{R_V+R_1}+R_2\right)\right]-\dfrac{R_1}{R_1+R_2}\right\}$

化简后得
$$\Delta U=\frac{-R_1^2R_2U}{R_V(R_1^2+2R_1R_2+R_2^2)+R_1R_2(R_1+R_2)}$$

若 $R_1=R_2=R_V$,则得
$$\Delta U=-\frac{U}{6}$$

相对误差
$$\Delta U=\frac{U'_{R_1}-U_{R_1}}{U_{R_1}}\times 100\%=\frac{-U/6}{U/2}\times 100\%=-33.3\%$$

由此可见,当电压表的内阻与被测电路的电阻相近时,测量的误差是非常大的。

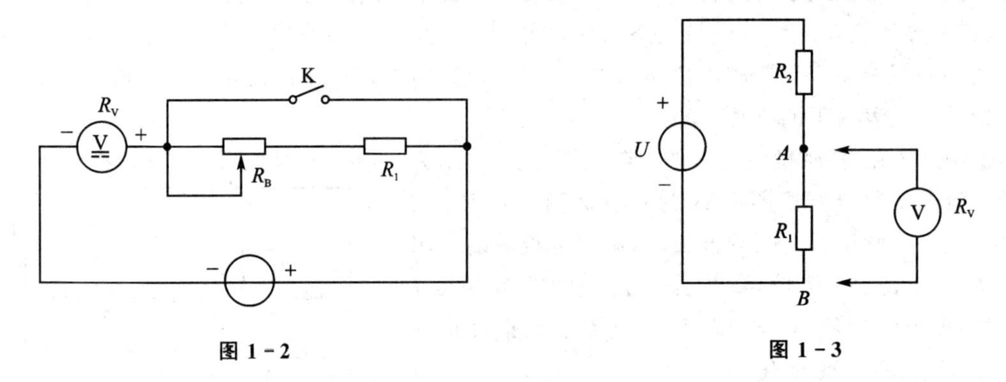

图1-2　　图1-3

② 伏-安法测量电阻的原理:当测出流过被测电阻 R_X 的电流 I_R 及其两端的电压降 U_R,根据欧姆定律,其阻值 $R_X=U_R/I_R$。实际测量时,有两种测量线路,即相对于电源而言:

- 电流表A(内阻为 R_A)接在电压表V(内阻为 R_V)的内侧;
- 电流表A(内阻为 R_A)接在电压表V(内阻为 R_V)的外侧。

两种线路见图1-4(a)、(b)。

由图(a)可知,只有当 $R_X\ll R_V$ 时,R_V 的分流作用才可忽略不计,则表A的读数接近于实际流过 R_X 的电流值。该接法称为电流表的内接法。

由图(b)可知,只有当 $R_X\gg R_A$ 时,R_A 的分压作用才可忽略不计,则表V的读数接近于 R_X 两端的电压值。该接法称为电流表的外接法。

实际应用时,应根据不同情况选用合适的测量线路,才能获得较准确的测量结果。以下举

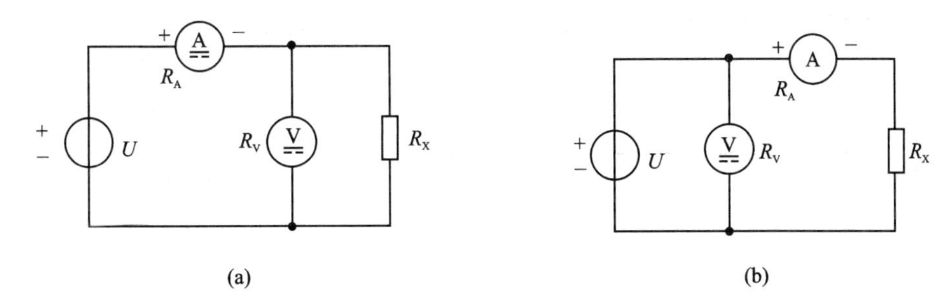

图 1-4

一实例。

在图 1-4 中，设 $U=20$ V，$R_A=100\ \Omega$，$R_V=20$ kΩ，假定 R_X 的实际值为 10 kΩ，如果采用图(a)线路测量，经计算，表 A、V 的读数 I_A、U_V 分别为 2.96 mA 和 19.73 V，故

$$R'_X=U_V/I_A=19.73\ \text{V}/2.96\ \text{mA}=6.667\ \text{k}\Omega$$

相对误差为 $$\Delta U=\frac{R'_X-R_X}{R_X}\times100\%=\frac{(6.667-10)\ \text{k}\Omega}{10\ \text{k}\Omega}\times100\%=-33.3\%$$

如果采用图(b)线路测量，经计算，表 A、V 的读数 U_V 和 I_A 分别为 1.98 mA 和 20 V，故

$$R'_X=U_V/I_A=20\ \text{V}\div1.98\ \text{mA}=10.1\ \text{k}\Omega$$

相对误差为 $$\Delta U=\frac{R'_X-R_X}{R_X}\times100\%=\frac{10.1\ \text{k}\Omega-10\ \text{k}\Omega}{10\ \text{k}\Omega}\times100\%=1\%$$

三、实验设备

测量电压、电流表内阻的实验设备如表 1-1 所列。

表 1-1

序　号	名　称	型号与规格	数　量	备　注
1	可调直流稳压电源	0～25 V	2	
2	可调恒流源	0～200 mA	1	
3	万用表	VC 890 型	1	
4	可调电阻箱	0～9 999.9 Ω	1	
5	电阻器	按需选择		

四、实验内容

(1) 根据“分流法”原理，按图 1-1 接线，测定万用表(VC 890 型)的直流电流 0.5 mA 和 5 mA 挡量程的内阻，并记入表 1-2 中。

表 1-2

被测电流表量程/mA	K 断开时的表读数/mA	K 闭合时的表读数/mA	R_B/Ω	R_1/Ω	计算内阻 R_A/Ω
0.5					
5					

(2) 根据“分压法”原理，按图 1－2 接线，测定万用表直流电压 2.5 V 和 10 V 挡量程的内阻，并记入表 1－3 中。

表 1－3

被测电压表量程/V	K 闭合时表读数/V	K 断开时表读数/V	R_B/kΩ	R_1/kΩ	计算内阻 R_V/kΩ	$S/(\Omega \cdot V^{-1})$
2.5						
10						

(3) 用万用表的直流电压 10 V 挡量程测量图 1－3 电路中 R_1 上的电压 U'_{R_1} 之值，并计算测量的绝对误差与相对误差，且记入表 1－4 中。

表 1－4

U/V	R_2/kΩ	R_1/kΩ	$R_{10\,V}$/kΩ	计算值 U_{R_1}/V	实测值 U'_{R_1}/V	绝对误差/%	相对误差/%
12	10	50					

五、实验注意事项

(1) 在开启电源开关前，应将两路电压源的输出调节旋钮调至最小(逆时针旋到底)，并将恒流源的输出粗调旋钮拨到 2 mA 挡，输出细调旋钮应调至最小。接通电源后，再根据需要缓慢调节。

(2) 当恒流源输出端接有负载时，如果需要将其粗调旋钮由低挡位向高挡位切换时，必须先将其细调旋钮调至最小；否则输出电流会突增，可能会损坏外接器件。

(3) 电压表应与被测电路并接，电流表应与被测电路串接，并且都要注意正、负极性与量程的合理选择。

(4) 在实验内容(1)、(2)中，R_1 的取值应与 R_B 值相近。

(5) 本实验仅测试指针式仪表的内阻。由于所选万用表的型号不同，本实验中所列的电流、电压量程及选用的 R_B、R_1 等均会不同。实验时应按选定的表型自行确定。

六、思考题

(1) 根据实验内容(1)和(2)，若已求出 0.5 mA 挡和 2.5 V 挡的内阻，可否直接计算得出 5 mA 挡和 10 V 挡的内阻？

(2) 用量程为 10 A 的电流表测实际值为 8 A 的电流时，实际读数为 8.1 A，求测量的绝对误差和相对误差。

七、实验报告

(1) 列表记录实验数据，并计算各被测仪表的内阻值。

(2) 分析实验结果，总结应用场合。

(3) 对思考题的计算。

实验二　减小仪表测量误差的方法

一、实验目的

(1) 进一步了解电压表、电流表的内阻在测量过程中产生的误差及其分析方法。

(2) 掌握减小因仪表内阻所引起的测量误差的方法。

二、原理说明

减小因仪表内阻而产生的测量误差的方法有以下两种：

1. 不同量程的两次测量计算法

当电压表的灵敏度不够高或电流表的内阻太大时，可利用多量程仪表对同一被测量用不同量程进行两次测量，用所得读数经计算后可得到较准确的结果。

如图 2－1 所示电路，欲测量具有较大内阻 R_0 的电动势 U_S 的开路电压 U_O 时，如果所用电压表的内阻 R_V 与 R_0 相差不大时，将会产生很大的测量误差。

设电压表有两挡量程。U_1、U_2 分别为在这两个不同量程下测得的电压值。令 R_{V1} 和 R_{V2} 分别为这两个相应量程的内阻（R_{V1} 和 R_{V2} 为电压量挡内阻且隐含值，故图中未给以标注，类似情况相同），则由图 2－1 可得

$$U_1=\frac{R_{V1}}{R_0+R_{V1}}\times U_S \qquad U_2=\frac{R_{V2}}{R_0+R_{V2}}\times U_S$$

由以上两式可解得 U_S 和 R_0。其中 $U_S(U_O)$为

$$U_S=\frac{U_1U_2(R_{V2}-R_{V1})}{U_1R_{V2}-U_2R_{V1}}$$

由上式可知：当电源内阻 R_0 与电压表的内阻 R_V 相差不大时，通过上述的两次测量结果，即可计算出开路电压 U_O 的大小，且其准确度要比单次测量好得多。

对于电流表，当其内阻较大时，也可用类似的方法测得较准确的结果。如图 2－2 所示电路，不接入电流表时的电流 $I=U_S/R$，接入内阻为 R_A 的电流表 A 时，电路中的电流 $I'=U_S/(R+R_A)$。式中，R_A 为表头内阻。

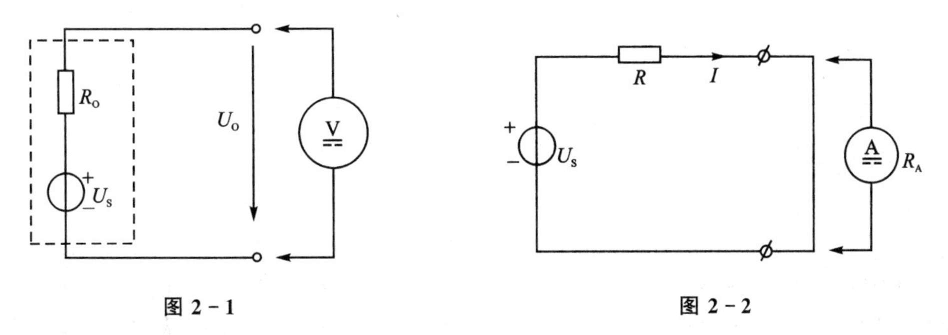

图 2－1　　　　图 2－2

如果 $R_A=R$，则 $I'=I/2$，出现很大的误差。

如果用有不同内阻 R_{A1}、R_{A2} 的两挡量程的电流表作两次测量并经简单的计算就可得到较准确的电流值。

按图2-2电路,两次测量得I_1、I_2值分别为

$$I_1=\frac{U_S}{R+R_{A1}},\qquad I_2=\frac{U_S}{R+R_{A2}}$$

由以上两式可解得U_S和R,进而可得

$$I=\frac{U_S}{R}=\frac{I_1I_2(R_{A1}-R_{A2})}{I_1R_{A1}-I_2R_{A2}}$$

2. 同一量程的两次测量计算法

如果电压表(或电流表)只有一挡量程,且电压表的内阻较小(或电流表的内阻较大),可用同一量程的两次测量法减小测量误差。其中,第一次测量与一般的测量并无两样。第二次测量时必须在电路中串入一个已知阻值的附加电阻。

(1) 电压测量:测量如图2-3所示电路的开路电压U_O值。

设电压表的内阻为R_V。第一次测量时,电压表的读数为U_1;第二次测量时,应与电压表串接一个已知阻值的电阻器R,电压表读数为U_2。由图可知

$$U_1=\frac{R_VU_S}{R_0+R_V},\qquad U_2=\frac{R_VU_S}{R_0+R+R_V}$$

由以上两式可解得U_S和R_0,其中$U_S(U_O)$为

$$U_S=U_O=\frac{RU_1U_2}{R_V(U_1-U_2)}$$

(2) 电流测量:测量如图2-4所示电路的电流I值。

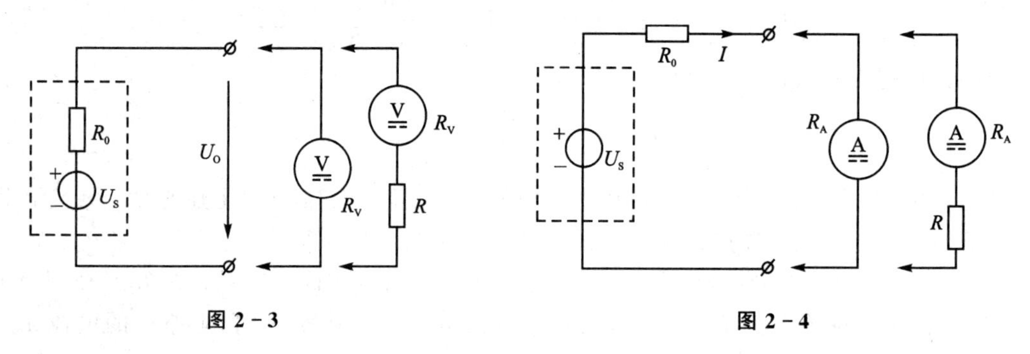

图2-3　　　　图2-4

设电流表的内阻为R_A。第一次测量时,电流表的读数为I_1;第二次测量时,应与电流表串接一个已知阻值的电阻器R,电流表读数为I_2。由图可知

$$I_1=\frac{U_S}{R_0+R_A},\qquad I_2=\frac{U_S}{R_0+R_A+R}$$

由以上两式可解得U_S和R_0,从而可得

$$I=\frac{U_S}{R_0}=\frac{I_1I_2R}{I_2(R_A+R)-I_1R_A}$$

由以上分析可知,当所用仪表的内阻与被测线路的电阻相差不大时,采用多量程仪表的不同量程两次测量法或单量程仪表两次测量法,通过计算就可得到比单次测量准确得多的结果。

三、实验设备

仪器测量误差实验设备如表2-1所列。

表 2－1

序　号	名　称	型号与规格	数　量	备　注
1	直流稳压电源	0～25 V	1	
2	指针式万用表	VC 890 型	1	
3	直流数字毫安表	0～200 mA	1	
4	可调电阻箱	0～9 999.9 Ω	1	
5	电阻器	按需选择		

四、实验内容

1. 双量程电压表两次测量法

按图 2－3 电路，实验中用直流稳压电源，取 $U_S=2.5$ V，R_o 选用 50 kΩ。用万用表的直流电压 2.5 V 和 10 V 两挡量程进行两次测量，最后算出开路电压 U'_O之值，并记入表 2－2 中。

表 2－2

万用表电压量程/V	内阻值/kΩ	两个量程的测量值 U/V	电路计算值 U_O/V	两次测量计算值 U'_O/V	U 的相对误差值/%	U'_O的相对误差/%
2.5						
10						

$R|_{2.5\ V}$ 和 $R|_{10\ V}$ 取值参照实验一的结果。

2. 单量程电压表两次测量法

实验线路如图 2－3 所示。先用上述万用表直流电压 2.5 V 量程挡直接测量，得 U_1 值；然后串接 $R=10$ kΩ 的附加电阻器再一次测量，得 U_2。计算开路电压 U'_O之值，并将测量数据填入表 2－3 中。

表 2－3

实际计算值 U_O/V	两次测量值		测量计算值 U'_O/V	U_1 的相对误差/%	U'_O的相对误差/%
	U_1/V	U_2/V			

3. 双量程电流表两次测量法

按图 2－4 线路进行实验，当 $U_S=0.3$ V，$R=300$ Ω(取自电阻箱)时，用万用表 0.5 mA 和 5 mA 两挡电流量程进行两次测量，计算出电路的电流 I'值，并将测量值填入表 2－4 中。

表 2－4

万用表电流量程/mA	内阻值/Ω	两个量程的测量值 I_1/mA	电路计算值 I/mA	两次测量计算值 I'/mA	I_1 的相对误差/%	I'的相对误差/%
0.5						
5						

$R|_{0.5\ \mathrm{mA}}$ 和 $R|_{5\ \mathrm{mA}}$ 值参照实验一的结果。

4. 单量程电流表两次测量法

实验线路按图 2-4 相接。先用万用表 0.5 mA 电流量程直接测量,得 I_1 值;再串联附加电阻 $R=30\ \Omega$ 进行第二次测量,得 I_2 值;最后求出电路中的实际电流 I'之值,并将测量值填入表 2-5 中。

表 2-5

实际计算值 I/mA	两次测量值		测量计算值 I'/mA	I_1 的相对误差/%	I'的相对误差/%
	I_1/mA	I_2/mA			

五、实验注意事项

(1) 操作方法同实验一。

(2) 采用不同量程两次测量法时,应选用相邻的两个量程,且被测值应接近于低量程的满偏值。否则,当用高量程测量较低的被测值时,测量误差会较大。

(3) 实验中所用的 VC 890 型万用表属于较精确的仪表。在大多数情况下,直接测量误差不会太大。当被测电压源的内阻大于 1/5 电压表内阻,或者被测电流源内阻小于 5 倍电流表内阻时,采用本实验的测量、计算法即可得到较满意的结果。

六、思考题

(1) 完成各项实验内容的计算。

(2) 实验的收获与体会。

实验三　电路元件的伏-安特性测绘

一、实验目的

（1）学会识别常用电路元件的方法。

（2）掌握线性电阻、非线性电阻元件的伏-安特性测试。

二、原理说明

任何一个二端元件的特性可用该元件上的端电压 U 与通过该元件的电流 I 之间的函数关系 $I=f(U)$ 来表示，即用 $I-U$ 平面上的一条曲线来表征，这条曲线称为该元件的伏-安特性曲线。

（1）线性电阻器的伏-安特性曲线是一条通过坐标原点的直线。如图 3-1 中的 a 直线所示，该直线的斜率等于该电阻器的电阻值。

（2）一般的照明灯在工作时灯丝处于高温状态，其灯丝电阻随着温度的升高而增大。通过照明灯的电流越大，其温度越高，阻值也越大。一般照明灯的“冷电阻”与“热电阻”的阻值可相差几倍至十几倍，所以它的伏-安特性如图 3-1 中的 b 曲线所示。

（3）一般的半导体二极管是一个非线性电阻元件，其伏-安特性如图 3-1 中的 c 曲线所示。从该曲线中可以看出，其正向压降很小（一般的锗管约为 0.2～0.3 V，硅管约为 0.5～0.7 V），正向电流随正向压降的升高而急剧上升，而反向电压从零一直增加到十至几十伏时，其反向电流增加很小，粗略地可视为零。可见，二极管具有单向导电的特性。但若反向电压加得过高，超过管子的极限值时，则会导致管子击穿损坏。

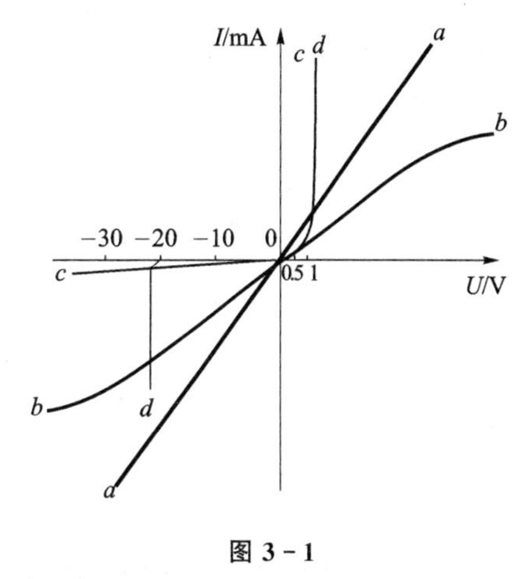

图 3-1

（4）稳压二极管是一种特殊的半导体二极管，其正向特性与普通二极管类似，但其反向特性较特别，如图 3-1 中的 d 曲线所示。在反向电压开始增加时，其反向电流几乎为零；但当电压增加到某一数值时（称为管子的稳压值，有各种不同稳压值的稳压管），电流将突然增加，其端电压将基本维持恒定；当外加的反向电压继续升高时，其端电压仅有少量增加。

注意：流过二极管或稳压二极管的电流不能超过管子的极限值，否则管子会被烧坏。

三、实验设备

测量电路元件的伏-安特性曲线所用设备列于表 3-1 中。

表 3-1

序 号	名 称	型号与规格	数 量	备 注
1	可调直流稳压电源	0～25 V	1	
2	万用表	VC 890 型	1	
3	直流数字毫安表	0～500 mA	1	
4	直流数字电压表	0～200 V	1	
5	二极管	1N4007	1	
6	稳压二极管	1N4736A	1	
7	照明灯	6.3 V,0.1 A	1	
8	线性电阻器	200 Ω 4 W,1 kΩ 4W	2	

四、实验内容

1. 测定线性电阻器的伏-安特性

按图 3-2 接线,调节稳压电源的输出电压 U,从 0 V 开始缓慢地增加,一直加到 10 V,记下相应的电压表和电流表的读数 U_R、I,并将测试数据填入表 3-2 中。

表 3-2

U_R/V	0	1	2	3	4	5	6	7	8	9	10
I/mA											

2. 测定非线性照明灯的伏-安特性

将图 3-2 中的 R 换成一只 6.3 V、0.1 A 的照明灯,重复步骤 1。U_L 为照明灯的端电压,将测量数据填入表 3-3 中。

表 3-3

U_L/V	0.1	0.5	1	2	3	4	5	6.3
I/mA								

3. 测定半导体二极管的伏-安特性

按图 3-3 接线,R 为限流电阻器。测二极管的正向特性时,其正向电流不得超过 35 mA,二极管 D 的正向施压 U_{D+} 可在 0～0.75 V 之间取值。在 0.5～0.75 V 之间应多取几个测量点,并将数据填入表 3-4 中。注意:电流表读数不要超过 100 mA。测反向特性时,只需将图 3-3 中的二极管 D 反接,且其反向施压 U_{D-} 可达 30 V,将数据填入表 3-5 中。

表 3-4

U_{D+}/V	0.10	0.30	0.50	0.55	0.60	0.65	0.70	0.75	0.78
I/mA									

表 3-5

U_{D-}/V	0	−5	−10	−15	−20	−25	−30
I/mA							

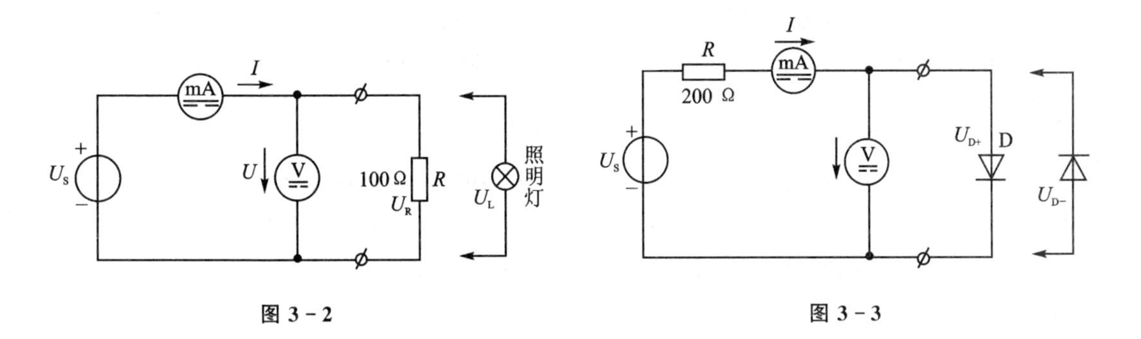

图 3-2　　　　图 3-3

4. 测定稳压二极管的伏-安特性

(1) 正向特性实验:将图 3-3 中的二极管换成稳压二极管 1N4736A,重复实验内容 3 中的正向测量。U_{D+} 为 1N4736A 的正向施压,并将测试数据填入表 3-6 中。注意:电流表读数不要超过 100 mA。

表 3-6

U_{D+}/V	0.10	0.30	0.50	0.55	0.60	0.65	0.70	0.75
I/mA								

(2) 反向特性实验:将图 3-3 中的 1N4736A 反接,测量 1N4736A 的反向特性。稳压电源的输出电压 U_S 为 0~25 V,测量 1N4736A 二端的电压 U_{D-} 及电流 I,由 U_{D-} 可看出其稳压特性,并将数据填入表 3-7 中。注意:电流表读数不要超过 100 mA。

表 3-7

U_{D-}/V	−5	−5.5	−6	−6.5	−6.7	−6.8	−6.9	−7.0	−7.1
I/mA									

五、实验注意事项

(1) 测量二极管正向特性时,稳压电源输出应从小到大逐渐增加,应时刻注意电流表读数不得超过 100 mA。

(2) 如果要测定 1N4736A 的伏-安特性,则正向特性的电压值应取 0 V,0.10 V,0.13 V,0.15 V,0.17 V,0.19 V,0.21 V,0.24 V 和 0.30 V,反向特性的电压值取 0 V,2 V,4 V,…,10 V。

(3) 进行不同实验时,应先估算电压和电流值,合理选择仪表的量程,勿使仪表超量程,仪表的极性亦不可接错。

六、思考题

(1) 线性电阻与非线性电阻的概念是什么?电阻器与二极管的伏-安特性有何区别?

(2) 设某器件伏-安特性曲线的函数式为 $I=f(U)$,试问在逐点绘制曲线时,其坐标变量应如何放置?

(3) 稳压二极管与普通二极管有何区别,其用途如何?

(4) 在图3-3中,设 $U_S=2$ V,$U_{D+}=0.7$ V,则毫安(mA)表读数为多少?

七、实验报告

(1) 根据各实验数据,分别在方格纸上绘制出光滑的伏-安特性曲线。其中二极管和稳压二极管的正、反向特性均要求画在同一张图中,正、反向电压可取不同的比例尺。

(2) 根据实验结果,总结、归纳出被测各元件的伏-安特性。

实验四　基尔霍夫定律的验证

一、实验目的

(1) 验证基尔霍夫定律的正确性，加深对基尔霍夫定律的理解。

(2) 学会用电源插头、插座测量各支路电流。

二、原理说明

基尔霍夫定律是电路的基本定律。测量某电路的各支路电流及每个元件两端的电压，应能分别满足基尔霍夫电流定律(KCL)和基尔霍夫电压定律(KVL)。即对电路中的任一节点而言，应有 $\sum I = 0$；对任何一个闭合回路而言，应有 $\sum U = 0$。

运用上述定律时必须注意各支路或闭合回路中电流的正方向，此方向可预先任意设定。

三、实验设备

基尔霍夫定律验证所需设备如表 4-1 所列。

表 4-1

序　号	名　称	型号与规格	数　量	备　注
1	直流可调稳压电源	0～25 V	2	
2	万用表	VC 890 型	1	
3	直流数字电压表	0～500 V	1	
4	实验电路板		1	

四、实验内容

(1) 实验前先任意设定 3 条支路和 3 个闭合回路的电流正方向。图 4-1 为基尔霍夫定律实验线路，图中的 I_1、I_2、I_3 的方向已设定。3 个闭合回路的电流正方向可设为 FADEF、BADCB 和 FBCEF。

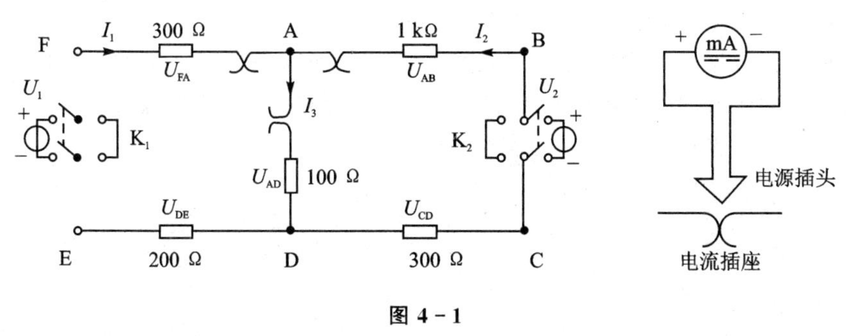

图 4-1

(2) 分别将两路直流稳压电源接入电路，令 $U_1 = 6$ V，$U_2 = 12$ V。

(3) 熟悉电源插头的结构，将电源插头的两端接至数字毫安表的“+”“-”两端。

(4) 将电源插头分别插入3条支路的3个电源插座中,读出并记录电流值。

(5) 用直流数字电压表分别测量两路电源及电阻元件上的电压值,并将测量数据记录于表4-2中。

表4-2

被测量	I_1/mA	I_2/mA	I_3/mA	U_1/V	U_2/V	U_{FA}/V	U_{AB}/V	U_{AD}/V	U_{CD}/V	U_{DE}/V
计算值										
测量值										
相对误差										

五、实验注意事项

(1) 所有需要测量的电压值,均以电压表测量的读数为准。U_1、U_2 也需测量,但不应取电源本身的显示值。

(2) 防止稳压电源两个输出端碰线而造成短路。

(3) 用指针式电压表或电流表测量电压或电流时,如果仪表指针反偏,则必须调换仪表极性,重新测量。此时指针正偏,可读得电压或电流值。若用数字显示电压表或电流表测量,则可直接读出电压或电流值。但应注意:所读得的电压或电流值的正、负极性应根据设定的电流参考方向来判断。

六、预习思考题

(1) 根据图4-1所示的电路参数,计算出待测的电流 I_1、I_2、I_3 和各电阻上的电压值,记入表4-2中,以便在实验测量时,可正确地选定毫安表和电压表的量程。

(2) 实验中,若用指针式万用表直流毫安挡测各支路电流,在什么情况下可能出现指针反偏,应如何处理?在记录数据时应注意什么?若用直流数字毫安表进行测量,则会有什么显示呢?

七、实验报告

(1) 根据实验数据,选定节点A,验证KCL的正确性。

(2) 根据实验数据,选定实验电路中的任一个闭合回路,验证KVL的正确性。

(3) 将支路和闭合回路的电流方向重新设定,重复(1)、(2)两项之验证。

(4) 对误差原因进行分析,并写出实验报告。

实验五　叠加原理的验证

一、实验目的

验证线性电路叠加原理的正确性，加深对线性电路的叠加性和齐次性的认识和理解。

二、原理说明

叠加原理指出：在有多个独立源共同作用下的线性电路中，通过每一个元件的电流或其两端的电压，可以看成是由每一个独立源单独作用时在该元件上所产生的电流或电压的代数和。

线性电路的齐次性是指当激励信号(某独立源的值)增加或减小 K 倍时，电路的响应(在电路中各电阻元件上所建立的电流和电压值)也将增加或减小 K 倍。

三、实验设备

验证叠加原理所需实验设备如表 5－1 所列。

表 5－1

序　号	名　称	型号与规格	数　量	备　注
1	可调直流稳压电源	0～25 V	2	
2	万用表	VC 890 型	1	
3	直流数字电压表	0～500 V	1	
4	直流数字毫安表	0～200 mA	1	
5	叠加原理实验电路板		1	

四、实验内容

叠加原理实验线路如图 5－1 所示。

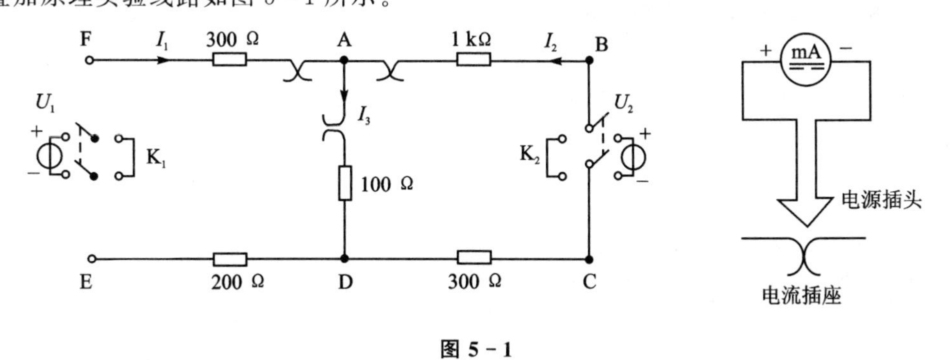

图 5－1

(1) 将两路稳压电源的输出分别调节为 10 V 和 5 V，接入 U_1 和 U_2 处。

(2) 令 U_1 电源单独作用(将开关 K_1 投向 U_1 侧，开关 K_2 投向短路侧)，用直流数字电压表和毫安表(接电流插头)测量各支路电流及各电阻元件两端的电压，并将数据记入表 5－2 中。

(3) 令U_2电源单独作用(将开关K_1投向短路侧,开关K_2投向U_2侧),重复实验步骤(2)的测量和记录,并将数据记入表5-2中。

表5-2

测量项目	U_1/V	U_2/V	I_1/mA	I_2/mA	I_3/mA	U_{AB}/V	U_{CD}/V	U_{AD}/V	U_{DE}/V	U_{FA}/V
U_1单独作用										
U_2单独作用										
U_1、U_2共同作用										
$2U_2$单独作用										

(4) 令U_1和U_2共同作用(开关K_1和K_2分别投向U_1和U_2侧),重复上述的测量和记录,数据记入表5-2中。

(5) 将U_2的数值调至+10 V,重复上述第(3)项的测量并记录,并将数据记入表5-2中。

五、实验注意事项

(1) 用电源插头测量各支路电流时,或者用电压表测量电压降时,应注意仪表的极性,正确判断测得值的正、负极性后,将数据记入表5-2中。

(2) 注意仪表量程的及时更换。

六、预习思考题

(1) 在叠加原理实验中,要令U_1、U_2分别单独作用,应如何操作?可否直接将不作用的电源(U_1或U_2)短接置零?

(2) 在实验电路中,若有一个电阻器改为二极管,试问叠加原理的叠加性与齐次性还成立吗?为什么?

七、实验报告

(1) 根据实验数据表格,进行分析、比较、归纳和总结实验结论,即验证线性电路的叠加性与齐次性。

(2) 各电阻器所消耗的功率能否用叠加原理计算得出?试用上述实验数据,进行计算并作出结论。

实验六　电压源与电流源的等效变换

一、实验目的

(1) 了解理想电流源与理想电压源的外特性。

(2) 验证电压源与电流源互相进行等效转换的条件。

二、原理说明

(1) 在电工理论中，理想电源除理想电压源之外，还有另一种电源，即理想电流源。理想电流源在接上负载后，当负载电阻变化时，该电源供出的电流能维持不变；理想电压源在接上负载后，当负载电阻变化时，该电源输出电压保持不变。它们的电路图符号及其特性见图 6-1。

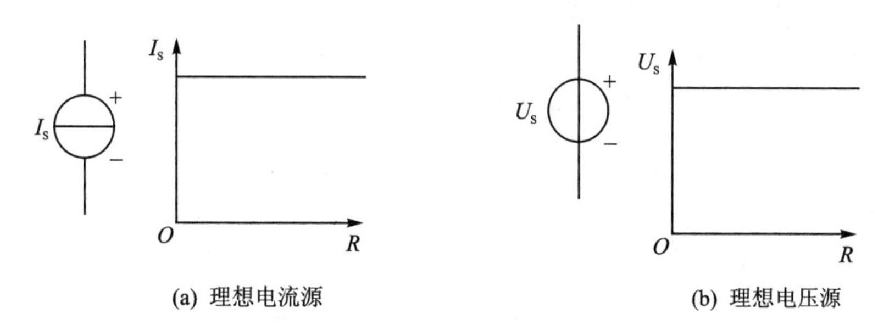

图 6-1

在工程实际中，绝对的理想电源是不存在的；但有一些电源其外特性与理想电源极为接近，因此，可以近似地将其视为理想电源。理想电压源与理想电流源是不能互相转换的。

(2) 一个实际电源，就其外部特性而言，既可以看成是电压源，又可以看成是电流源。

电压源用一个理想电压源 E_S 与一电阻 R_0 串联组合来表示(见图 6-2)，电流源用一个理想电流源 I_S 与一电阻 R_0 并联的组合来表示(见图 6-3)。它们向同样大小的负载供出同样大小的电流，而电源的端电压也相等，即电压源与其等效电流源有相同的外特性。

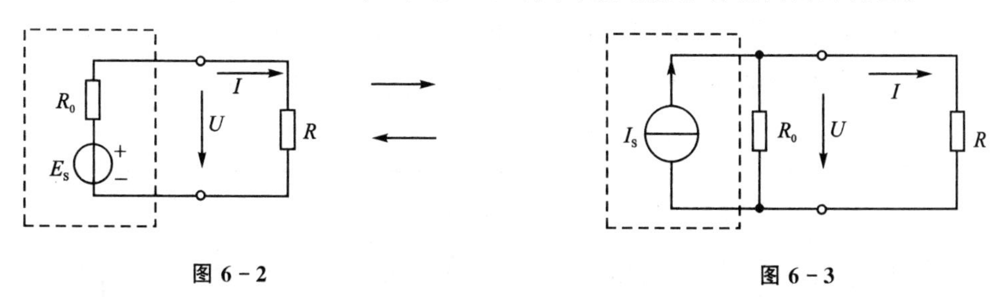

图 6-2　　　　图 6-3

三、实验设备

测量理想电压源和理想电流源所需设备如表 6-1 所列。

表 6-1

序号	名称	型号与规格	数量	备注
1	可调直流稳压电源	0~25 V	1	
2	可调直流恒流电源	0~200 mA	1	
3	直流数字电压表	0~500 V	1	
4	直流数字毫安表	0~200 mA	1	
5	万用表	VC 890 型	1	
6	可调电阻箱	0~9 999 Ω	1	
7	可调电阻箱	0~99 999.9 Ω	1	

四、实验内容

1. 测定直流稳压电源与实际电压源的外特性

(1) 按图 6-4 接线。E_S 为+6 V 直流稳压电源。当 $R_S=0\ \Omega$ 时，调节 R_L，令其阻值由大至小变化，记录两表的读数，并将测得数据填入表 6-2 中。

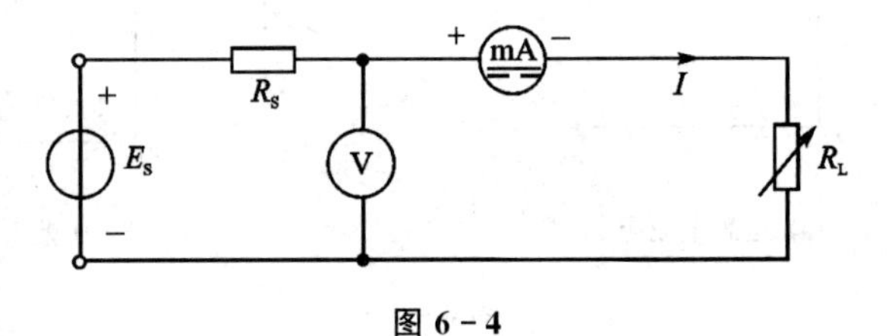

图 6-4

表 6-2

R_L/Ω	∞	2 000	1 500	1 000	800	500	300	100
U/V								
I/mA								

(2) 按图 6-5 接线，虚线框内可模拟为一个实际的电压源。E_S 为 6 V，R_0 为 50 Ω，调节 R_L，令其阻值由大至小变化，记录两表的读数，并将数据填入表 6-3 中。

表 6-3

R_L/Ω	∞	2 000	1 500	1 000	800	500	300	100
U/V								
I/mA								

2. 测定电流源的外特性

按图 6-6 接线，I_s 为直流恒流源，调节其输出电流为 5 mA，令 R_0 分别为 1 kΩ 和∞(接入和断开)；调节电位器 R_L，测出这两种情况下的电压表和电流表的读数，并将实验数据分别填入表 6－4 和表 6－5 中。

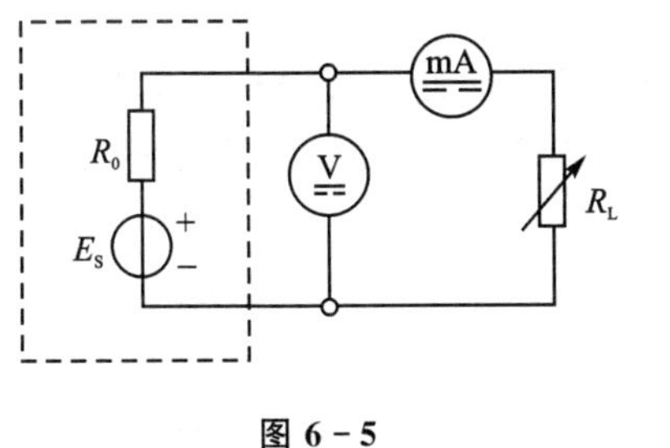

图 6－5

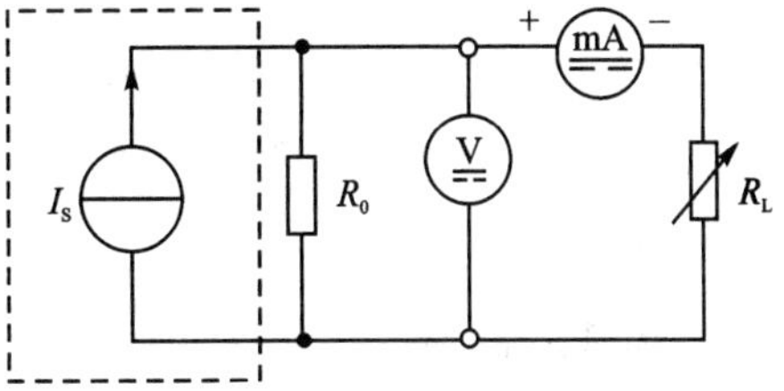

图 6－6

表 6－4

$R_0=1\ \text{k}\Omega$

R_L/Ω	0	200	400	600	800	1 000	2 000	3 000
U/V								
I/mA								

表 6－5

$R_0=\infty$

R_L/Ω	0	200	400	600	800	1 000	2 000	3 000
U/V								
I/mA								

3. 测定电源等效变换的条件

先按图 6－7 线路接线，记录线路中两表的读数。然后利用图 6－7 中的元件和仪表，按图 6－8 接线。调节恒流源的输出电流 I_S，使两表的读数与图 6－7 时的数值相等，记录 I_S 之值，验证等效变换条件的正确性。其中 $E_S=6\ \text{V}$，$R_0=50\ \Omega$，$R_L=200\ \Omega$。

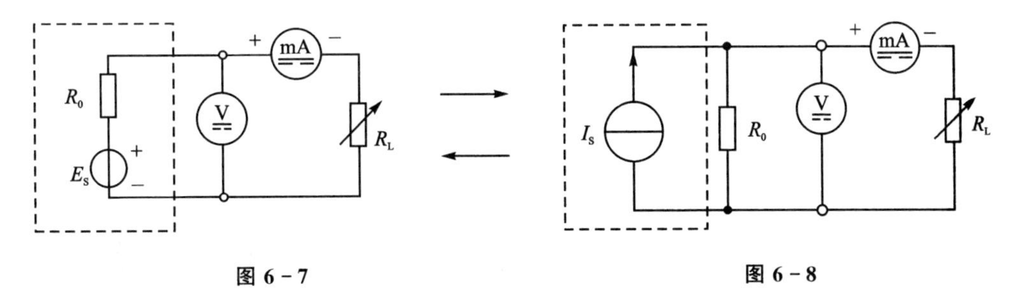

图 6－7

图 6－8

五、实验注意事项

（1）在测电压源的外特性时，不要忘记测空载时的电压值；测电流源的外特性时，不要忘记测短路时的电流值。注意恒流源负载电压不要超过 20 V，负载不要开路。

（2）换接线路时，必须关闭电源开关。

（3）直流仪表的接入应注意极性与量程。

六、预习思考题

(1) 通常直流稳压电源的输出端不允许短路,直流恒流源的输出端不允许开路,为什么?

(2) 电压源与电流源的外特性为什么呈下降变化趋势,稳压源和恒流源的输出在任何负载下是否保持恒值?

七、实验报告

(1) 根据实验数据绘出电源的 4 条外特性曲线,并总结、归纳各类电源的特性。

(2) 从实验结果验证电源等效变换的条件。

实验七　戴维南定理和诺顿定理的验证

一、实验目的

(1) 验证戴维南定理和诺顿定理的正确性，加深对该定理的理解。

(2) 掌握测量有源二端网络等效参数的一般方法。

二、原理说明

1. 戴维南定理和诺顿定理

任何一个线性含源网络，如果仅研究其中一条支路的电压和电流，则可将电路的其余部分看作是一个有源二端网络(或称为含源一端口网络)。

戴维南定理指出：任何一个线性有源网络，总可以用一个电压源与一个电阻的串联来等效代替；此电压源的电动势 U_S 等于这个有源二端网络的开路电压 U_{oc}，其等效内阻 R_0 等于该网络中所有独立源均置零(理想电压源视为短接，理想电流源视为开路)时的等效电阻。

诺顿定理指出：任何一个线性有源网络，总可以用一个电流源与一个电阻的并联组合来等效代替；此电流源的电流 I_S 等于这个有源二端网络的短路电流 I_{SC}，其等效内阻 R_0 定义同戴维南定理。

$U_{oc}(U_S)$ 和 R_0，或者 $I_{SC}(I_S)$ 和 R_0 称为有源二端网络的等效参数。

2. 有源二端网络等效参数的测量方法

(1) 开路电压、短路电流法测 R_0：在有源二端网络输出端开路时，用电压表直接测其输出端的开路电压 U_{oc}，然后再将其输出端短路，用电流表测其短路电流 I_{SC}，则等效内阻为

$$R_0=\frac{U_{oc}}{I_{SC}}$$

如果二端网络的内阻很小，若将其输出端口短路则易损坏其内部元件，因此不宜用此法。

(2) 伏-安法测 R_0：用电压表、电流表测出有源二端网络的外特性曲线，如图 7-1 所示。根据外特性曲线求出斜率 $\tan\varphi$，则内阻为

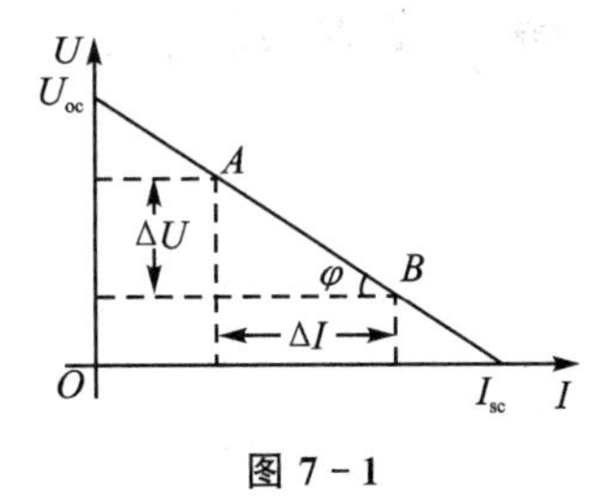

图 7-1

$$R_0=\tan\varphi=\frac{\Delta U}{\Delta I}=\frac{U_{oc}}{I_{SC}}$$

也可以先测量开路电压 U_{oc}，再测量电流为额定值 I_N 时的输出端电压值 U_N，则内阻为 $R_0=\dfrac{U_{oc}-U_N}{I_N}$。

(3) 半电压法测 R_0：如图 7-2 所示，当负载电压为被测网络开路电压的一半时，负载电阻(由电阻箱的读数确定)即为被测有源二端网络的等效内阻值。

(4) 零示法测 U_{oc}：在测量具有高内阻有源二端网络的开路电压时，用电压表直接测量会造成较大的误差。为了消除电压表内阻的影响，往往采用零示测量法，如图 7-3 所示。

零示法测量原理是用一低内阻的稳压电源与被测有源二端网络进行比较，当稳压电源的

输出电压与有源二端网络的开路电压相等时,电压表的读数为0。然后将电路断开,测量稳压电源的输出电压,即为被测有源二端网络的开路电压。

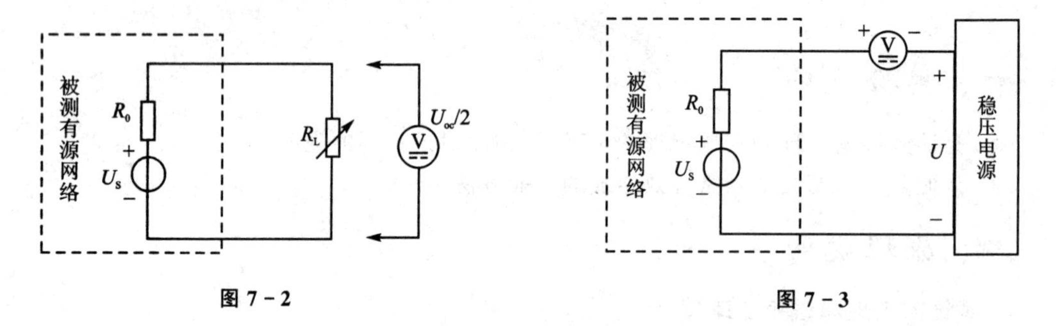

图 7-2　　　　图 7-3

三、实验设备

有源二端网络等效参数的测定所需设备如表7-1所列。

表 7-1

序　号	名　称	型号与规格	数　量	备　注
1	可调直流稳压电源	0～25 V	1	
2	可调直流恒流源	0～200 mA	1	
3	直流数字电压表	0～500 V	1	
4	直流数字毫安表	0～200 mA	1	
6	可调电阻箱	0～99 999.9 Ω	1	

四、实验内容

被测有源二端网络如图7-4所示。

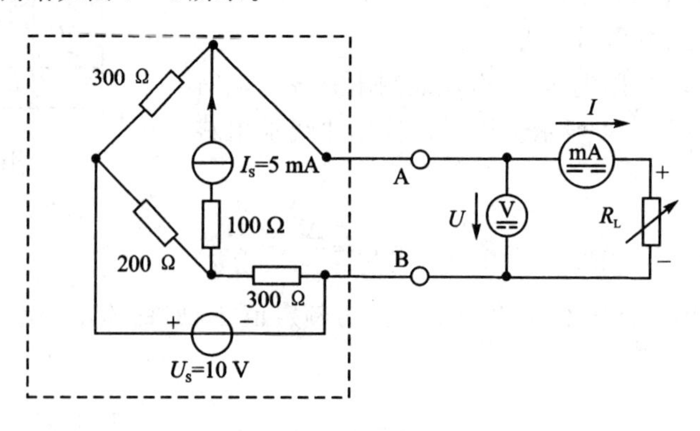

图 7-4

(1) 先用电压表测量后再调节到U_S=10 V,电流表测量后调节到I_S=5 mA,不接入负载电阻R_L,按图7-4接线,测出U_{oc}和I_{SC}。

(2) 用开路电压、短路电流法测定戴维南等效电路的U_{oc}、R_0和诺顿等效电路的I_{SC}、R_0。按图7-4接入稳压电源U_S=10 V和恒流源I_S=5 mA,不接入R_L。测出U_{oc}和I_{SC},并计算

出 R_0。测 U_{oc} 时，不接入毫安(mA)表。

(3) 负载实验：按图 7－4 接入 R_L，并改变 R_L 阻值，测量有源二端网络的外特性曲线，将数据记入表 7－2 中。

表 7－2

R_L/Ω	0	300	600	900	1 000	3 000	6 000	9 000	∞
U_{AB}/V									
I_R/mA									

(4) 验证戴维南定理：从电阻箱上取得按步骤(1)所得的等效电阻 R_0 之值，然后令其与直流稳压电源(调到步骤(1)时所测得的开路电压 U_{oc} 之值)相串联，如图 7－5 所示，仿照步骤(2)测其外特性，对戴氏定理进行验证，并将数据记入表 7－3 中。

表 7－3

R_L/Ω	0	300	600	900	1 000	3 000	6 000	9 000	∞
U_{AB}/V									
I_R/mA									

(5) 验证诺顿定理：从电阻箱上取得按步骤(1)所得的等效电阻 R_0 之值，然后令其与直流恒流源(调到步骤(1)时所测得的短路电流 I_{SC} 之值)相并联，如图 7－6 所示，仿照步骤(2)测其外特性，对诺顿定理进行验证，并将数据记入表 7－4 中。

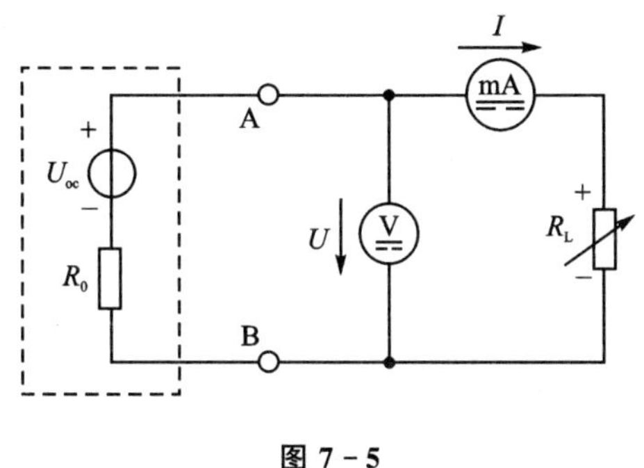

图 7－5

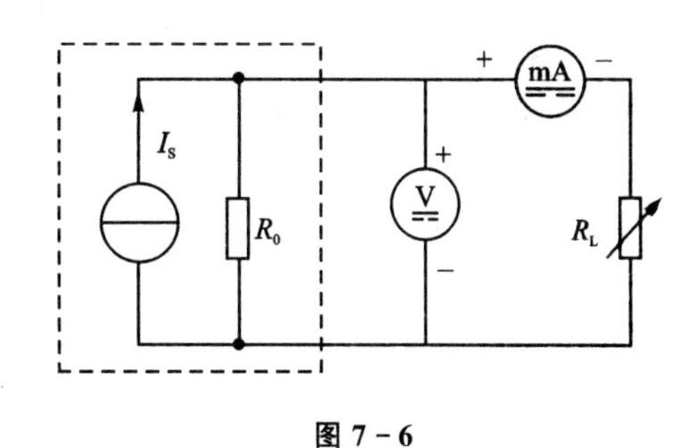

图 7－6

表 7－4

R_L/Ω	0	300	600	900	1 000	3 000	6 000	9 000	∞
U_{AB}/V									
I_R/mA									

(6) 有源二端网络等效电阻(又称入端电阻)的直接测量法，见图 7－4。将被测有源网络内的所有独立源置零(去掉电流源 I_S 和电压源 U_S，并在原电压源所接的两点用一根短路导线相连)，然后用伏-安法或者直接用万用表的欧姆挡去测定负载 R_L 开路时 A、B 两点间的电阻，

此即为被测网络的等效内阻 R_0,或称网络的入端电阻 R_i。

(7) 用半电压法和零示法测量被测网络的等效内阻 R_0 及其开路电压 U_{oc}。线路及数据表格自拟。

五、实验注意事项

(1) 测量时应注意电流表量程的更换。

(2) 四、实验内容之(2)中,电压源置零时不可将稳压源短接。

(3) 用万用表直接测 R_0 时,网络内的独立源必须先置零,以免损坏万用表。其次,欧姆挡必须经调零后再进行测量。

(4) 用零示法测量 U_{oc} 时,应先将稳压电源的输出调至接近于 U_{oc},再按图 7-3 测量。

(5) 改接线路时,要先去掉电源。

六、预习思考题

(1) 在求戴维南或诺顿等效电路时,作短路试验,测 I_{SC} 的条件是什么?在本实验中可否直接作负载短路实验?请实验前对图 7-4 所示线路预先作好计算,以便调整实验线路及测量时可准确地选取电表的量程。

(2) 说明测量有源二端网络开路电压及等效内阻的几种方法,并比较其优缺点。

七、实验报告

(1) 根据四、实验内容之(3)、(4)、(5),分别绘出曲线,验证戴维南定理和诺顿定理的正确性,并分析产生误差的原因。

(2) 根据四、实验内容之(1)、(6)、(7)的几种方法测得的 U_{oc} 与 R_0 值和预习时电路计算的结果作比较,能得出什么结论。

(3) 归纳、总结实验结果。

实验八　最大功率传输条件的测定

一、实验目的

(1) 掌握负载获得最大传输功率的条件。

(2) 了解电源输出功率与效率的关系。

二、原理说明

1. 电源与负载功率的关系

图 8-1 可视为由一个电源向负载输送电能的模型，R_0 可视为电源内阻和传输线路电阻的总和，R_L 为可变负载电阻。

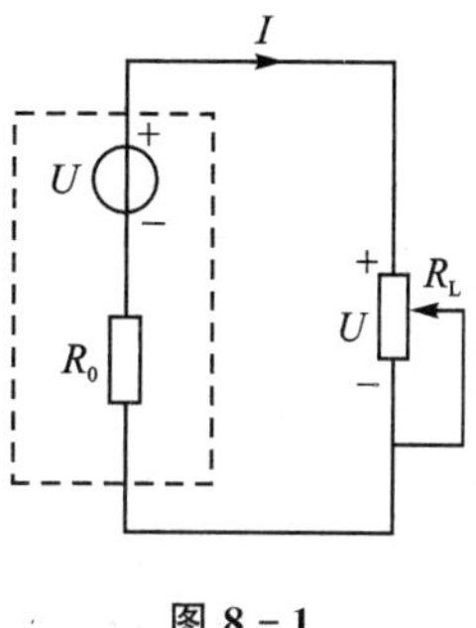

图 8-1

负载 R_L 上消耗的功率 P 可由下式表示：

$$P=I^2R_L=\left(\frac{U}{R_0+R_L}\right)^2R_L$$

当 $R_L=0$ 或 $R_L=\infty$ 时，电源输送给负载的功率均为零。而以不同的 R_L 值代入上式可求得不同的 P 值，其中必有一个 R_L 值，使负载能从电源处获得最大的功率。

2. 负载获得最大功率的条件

根据数学求最大值的方法，令负载功率表达式中的 R_L 为自变量，P 为应变量，并使 $dP/dR_L=0$，即可求得最大功率传输的条件为

$$\frac{dP}{dR_L}=0$$

即

$$\frac{dP}{dR_L}=\frac{[(R_0+R_L)^2-2R_L(R_L+R_0)]U^2}{(R_0+R_L)^4}$$

令

$$(R_L+R_0)^2-2R_L(R_L+R_0)=0$$

解得

$$R_L=R_0$$

当满足 $R_L=R_0$ 时，负载从电源获得的最大功率为

$$P_{MAX}=\left(\frac{U}{R_0+R_L}\right)^2R_L=\left(\frac{U}{2R_L}\right)^2R_L=\frac{U^2}{4R_L}$$

这时，称此电路处于“匹配”工作状态。

3. 匹配电路的特点及应用

在电路处于“匹配”状态时，电源本身要消耗一半的功率，此时电源的效率只有 50%。显然，这对电力系统的能量传输过程是绝对不允许的。由于发电机的内阻很小，而电路传输的最主要指标是要高效率送电，即 100%的功率均传送给负载。为此负载电阻应远大于电源的内阻，即不允许电路运行在匹配状态。而在电子技术领域里却完全不同。一般的信号源本身功率较小，且都有较大的内阻；而负载电阻(如扬声器等)往往是较小的定值，且希望能从电源获得最大的功率输出，而电源的效率往往不予考虑。通常设法改变负载电阻，或者在信号源与负载之间加阻抗变换器(如音频功放的输出级与扬声器之间的输出变压器)，使电路处于工作匹

配状态,以使负载能获得最大的输出功率。

三、实验设备

最大功率传输条件测量所需设备如表 8-1 所列。

表 8-1

序　号	名　称	型号规格	数　量	备　注
1	直流电流表	0～200 mA	1	
2	直流电压表	0～500 V	1	
3	直流稳压电源	0～25 V	1	
4	实验线路板		1	

四、实验内容

(1) 按图 8-2 接线,负载 R_L 取自电阻箱。

(2) 按表 8-1 所列内容,令 R_L 在 0～1 kΩ 范围内变化时,以 100 Ω 为测量点,分别测出 U_O、U_L、I、P_O 和 P_L 的值,在 P_L 最大值附近应多点密集测量。表中:U_O、P_O 分别为稳压电源的输出电压和功率;U_L、P_L 分别为 R_L 二端的电压和功率;I 为电路的电流。

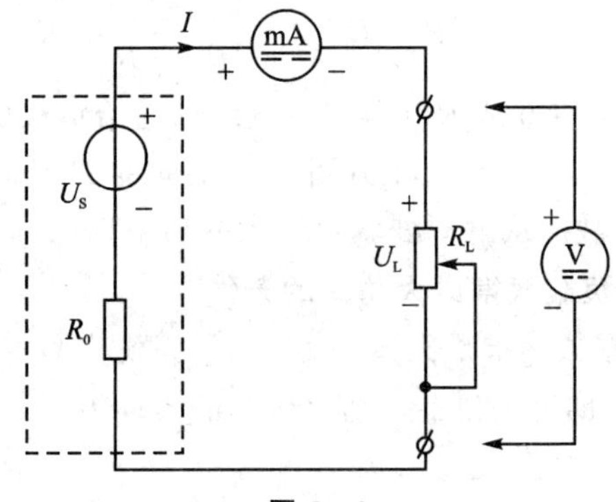

图 8-2

表 8-2

	R_L/Ω	100	200	300	400	500	600	700	750	800	850	900	950	1 kΩ	∞
$U_S=6$ V $R_0=50\ \Omega$	U_O/V														
	U_L/V														
	I/mA														
	P_O/W														
	P_L/W														
$U_S=12$ V $R_0=200\ \Omega$	U_O/V														
	U_L/V														
	I/mA														
	P_O/W														
	P_L/W														

五、预习与思考题

(1) 电力系统进行电能传输时为什么不能工作在匹配工作状态？
(2) 实际应用中，电源的内阻是否随负载而变？
(3) 电源电压的变化对最大功率传输的条件有无影响？

六、实验报告

(1) 整理实验数据，分别画出两种不同内阻下的下列各关系曲线：

$$I-R_L,\quad U_O-R_L,\quad U_L-R_L,\quad P_O-R_L,\quad P_L-R_L$$

(2) 根据实验结果，说明负载获得最大功率的条件是什么？

实验九　受控源 VCVS、VCCS、CCVS 和 CCCS 的实验研究

一、实验目的

通过测试受控源的外特性及其转移参数，进一步理解受控源的物理概念，加深对受控源的认识和理解。

二、原理说明

(1) 电源有独立电源(如电池、发电机等)与非独立电源(或称为受控源)之分。

受控源与独立源的不同点是：独立源的电势 E_S 或电激流 I_S 是一固定的数值或是时间的一函数，它不随电路其余部分的状态而变；而受控源的电势或电激流则是随电路中另一支路的电压或电流而变的一种电源。

受控源又与无源元件不同，无源元件两端的电压和它自身的电流有一定的函数关系，而受控源的输出电压或电流则和另一支路(或元件)的电流或电压有着某种函数关系。

(2) 独立源与无源元件是二端器件，受控源则是四端器件，或称为双口元件。它有一对输入端(U_1、I_1)和一对输出端(U_2、I_2)。输入端可以控制输出端电压或电流的大小。施加于输入端的控制量可以是电压或电流，因而有两种受控电压源(电压控制电压源 VCVS 和电流控制电压源 CCVS)和两种受控电流源(电压控制电流源 VCCS 和电流控制电流源 CCCS)，它们的示意图见图 9-1。

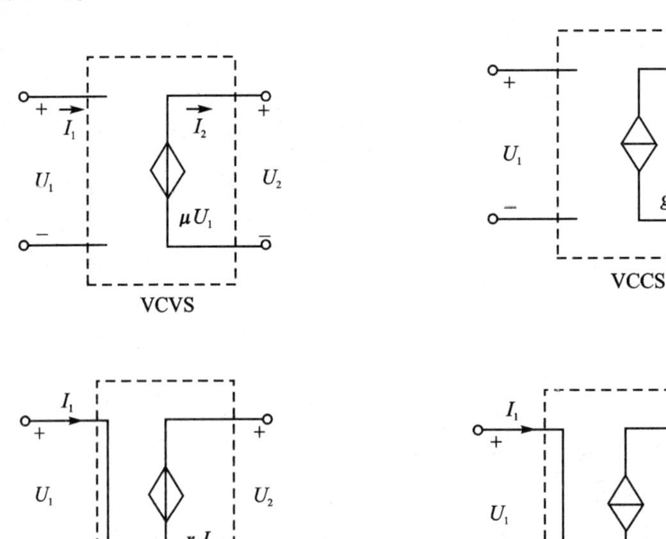

图 9-1

(3) 当受控源的输出电压(或电流)与控制支路的电压(或电流)成正比变化时,则称该受控源是线性的。

理想受控源的控制支路中只有一个独立变量(电压或电流),另一个独立变量等于零,即从输入端口看,理想受控源或者是短路(输入电阻 $R_1=0$,因而 $U_1=0$),或者是开路(输入电导 $G_1=0$,因而输入电流 $I_1=0$);从输出端口看,理想受控源或是一个理想电压源,或者是一个理想电流源。

(4) 受控源的控制端与受控端的关系式称为转移函数。

四种受控源的转移函数参量的定义如下:

① 电压控制电压源(VCVS):$U_2=f(U_1)$,$\mu=U_2/U_1$ 称为转移电压比(或电压增益)。

② 电压控制电流源(VCCS):$I_2=f(U_1)$,$g_m=I_2/U_1$ 称为转移电导。

③ 电流控制电压源(CCVS):$U_2=f(I_1)$,$r_m=U_2/I_1$ 称为转移电阻。

④ 电流控制电流源(CCCS):$I_2=f(I_1)$,$\alpha=I_2/I_1$ 称为转移电流比(或电流增益)。

三、实验设备

测量受控源所需设备如表 9-1 所列。

表 9-1

序　号	名　称	型号与规格	数　量	备　注
1	可调直流稳压源	0～25 V	1	
2	可调恒流源	0～200 mA	1	
3	直流数字电压表	0～500 V	1	
4	直流数字毫安表	0～200 mA	1	
5	可变电阻箱	0～99 999.9 Ω	1	
6	受控源实验电路板		1	

四、实验内容

(1) 测量电压控制电压源 VCVS 的转移特性 $U_2=f(U_1)$ 及负载特性 $U_2=f(I_L)$,实验线路如图 9-2 所示。

① 不接电流表,固定 $R_L=2\ \text{k}\Omega$,调节稳压电源的输出电压 U_1,测量 U_1 及相应的 U_2 值,并记入表 9-2 中。

在方格纸上绘出电压转移特性曲线 $U_2=f(U_1)$,并在其线性部分求出转移电压比 μ。

表 9-2

U_1/V	0	1	2	3	5	7	8	9	μ
U_2/V									

② 接入电流表,保持 $U_1=2$ V,调节 R_L 可变电阻箱的阻值,测 U_2 及 I_L,绘制负载特性曲线 $U_2=f(I_L)$。

表 9-3

R_L/Ω	50	70	100	200	300	400	500	∞
U_2/V								
I_L/mA								

(2) 测量电压控制电流源 VCCS 的转移特性 $I_L=f(U_1)$及负载特性 $I_L=f(U_2)$，实验线路如图 9-3 所示。

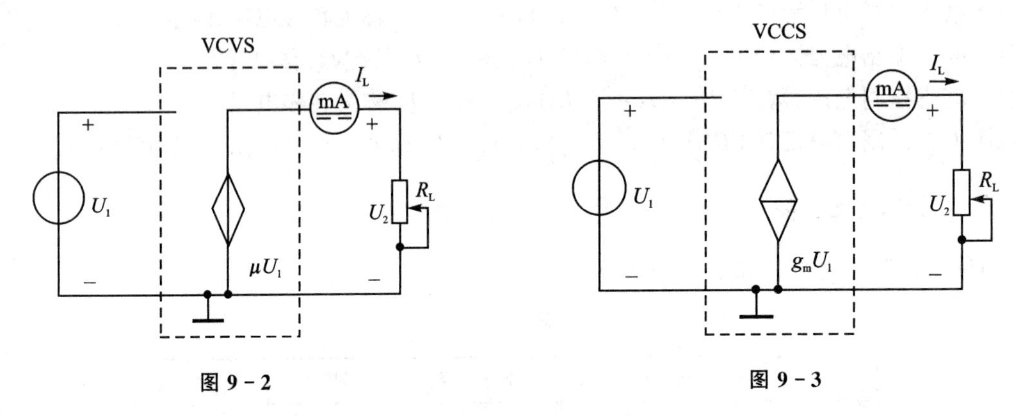

图 9-2　　图 9-3

① 固定 $R_L=2$ kΩ，调节稳压电源的输出电压 U_1，测出相应的 I_L 值，绘制 $I_L=f(U_1)$曲线，并由其线性部分求出转移电导 g_m，并将测量值记入表 9-4 中。

表 9-4

U_1/V	0.1	0.5	1.0	2.0	3.0	3.5	3.7	4.0	g_m
I_L/mA									

② 保持 $U_1=2$ V，令 R_L 从大到小变化，表 9-5 测出相应的 I_L 及 U_2，绘制 $I_L=f(U_2)$曲线，并将测量值记入表 9-5 中。

表 9-5

R_L/kΩ	50	20	10	8	7	6	5	4	2	1
I_L/mA										
U_2/V										

(3) 测量电流控制电压源 CCVS 的转移特性 $U_2=f(I_1)$与负载特性 $U_2=f(I_L)$，实验线路如图 9-4 所示。

① 固定 $R_L=2$ kΩ，调节恒流源的输出电流 I_S，按表 9-6 所列 I_S 值，测出 U_2，绘制 $U_2=f(I_1)$曲线，并由其线性部分求出转移电阻 r_m，并将测量值记入表 9-6 中。

表 9-6

I_1/mA	0.1	1.0	3.0	5.0	7.0	8.0	9.0	9.5	r_m
U_2/V									

② 保持 $I_S=2$ mA，按下表所列 R_L 值，测出 U_2 及 I_L，绘制负载特性曲线 $U_2=f(I_L)$，并将测量值记入表 9-7 中。

表 9-7

R_L/kΩ	0.5	1	2	4	6	8	10
U_2/V							
I_L/mA							

(4) 测量电流控制电流源 CCCS 的转移特性 $I_L=f(I_1)$ 及负载特性 $I_L=f(U_2)$，实验线路如图 9-5 所示。

① 参见(3)之①的测试条件，测出 I_L，绘制 $I_L=f(I_1)$ 曲线，并由其线性部分求出转移电流比 α，并将测量值记入表 9-8 中。

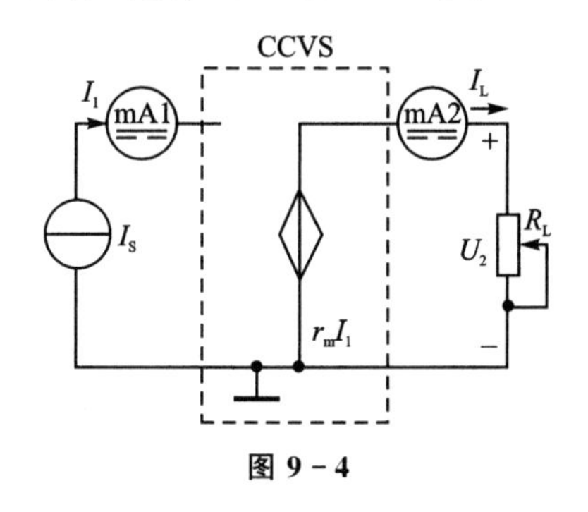

图 9-4

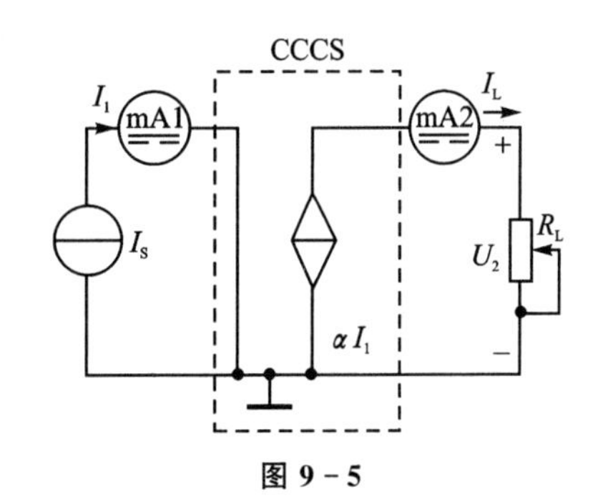

图 9-5

表 9-8

I_1/mA	0.1	0.2	0.5	1	1.5	2	2.2	α
I_L/mA								

② 保持 $I_S=1$ mA，令 R_L 为表 9-9 所列值，测出 I_L，绘制 $I_L=f(U_2)$ 曲线。

表 9-9

R_L/kΩ	0	0.1	0.5	1	2	5	10	20	30	80
I_L/mA										
U_2/V										

五、实验注意事项

(1) 每次组装线路，必须事先断开供电电源，但不必关闭电源总开关。

(2) 在恒流源供电的实验中,不要使恒流源的负载开路。

六、预习思考题

(1) 受控源和独立源相比有何异同点? 比较4种受控源的代号、电路模型、控制量与被控量的关系如何?

(2) 4种受控源中的 r_{m}、g_{m}、α 和 μ 的意义是什么? 如何测得?

(3) 若受控源控制量的极性反向,试问其输出极性是否发生变化?

(4) 受控源的控制特性是否适合于交流信号?

(5) 如何由两个基本的CCVS和VCCS获得其他两个CCCS和VCVS,它们的输入、输出如何连接?

七、实验报告

(1) 根据实验数据,在方格纸上分别绘出4种受控源的转移特性和负载特性曲线,并求出相应的转移参量。

(2) 对预习思考题作必要的回答。

(3) 对实验的结果作出合理的分析和结论,总结对4种受控源的认识和理解。

实验十　一阶电路的响应

一、实验目的

(1) 学习用示波器观察和分析电路的响应。

(2) 研究 RC 电路在零输入、阶跃激励和方波激励情况下，响应的基本规律和特点。

二、原理与说明

(1) 含有 L、C 储能元件（动态元件）的电路，其响应可以由微分方程求解。凡是可用一阶微分方程描述的电路，称为一阶电路。一阶电路通常由一个储能元件和若干个电阻元件组成。

(2) 所有储能元件初始值为零的电路对激励的响应称为零状态响应。对于图 10-1 所示的一阶电路，当 $t=0$ 时开关 K 由位置 2 转到位置 1，直流电源经 R 向 C 充电。由方程

$$u_C + RC\frac{\mathrm{d}u_C}{\mathrm{d}t} = U_S,\quad t \geqslant 0$$

和初始值

$$u_C(0\_) = 0$$

可以得出电容的电压和电流随时间变化的规律，即零状态响应方程为

$$u_C(t) = U_S\left(1 - \mathrm{e}^{-\frac{t}{\tau}}\right),\quad t \geqslant 0$$

$$i_C(t) = \frac{U_S}{R}\mathrm{e}^{-\frac{t}{\tau}},\quad t \geqslant 0$$

上述式子表明，零状态响应是输入的线性函数。其中，$\tau = RC$ 具有时间的量纲，称为时间常数，是反映电路过渡过程快慢的物理量。τ 越大，暂态响应所持续的时间越长，即过渡过程的时间越长。反之，τ 越小，过渡过程的时间越短。

(3) 电路在无激励情况下，由储能元件的初始状态引起的响应称为零输入响应。在图 10-1 中，当开关 K 置于位置 1，$u_C(0_-) = U_0$ 时，再将开关 K 转到位置 2，电容器的初始电压 $u_C(0_-)$ 经 R 放电。由方程：

$$u_C + RC\frac{\mathrm{d}u_C}{\mathrm{d}t} = 0,\quad t \geqslant 0$$

和初始值

$$u_C(0\_) = U_0$$

可以得出电容上的电压和电流随时间变化的规律，即零输入状态响应方程为

$$u_C(t) = u_C(0\_)\mathrm{e}^{-\frac{t}{\tau}},\quad t \geqslant 0$$

$$i_C(t) = -\frac{u_C(0\_)}{R}\mathrm{e}^{-\frac{t}{\tau}},\quad t \geqslant 0$$

零输入状态响应方程式表明，零输入响应是初始状态的线性函数。

(4) 电路在输入激励和初始状态共同作用下引起的响应称为全响应。对图 10-2 所示的电路，当 $t=0$ 时合上开关 K，则描述微分方程为

$$u_C + RC\frac{\mathrm{d}u_C}{\mathrm{d}t} = U_S$$

由初始值 $$u_C(0\_)=U_0$$
可以得出全响应方程式:

$$u_C(t)=U_S\left(1-e^{-\frac{t}{\tau}}\right)+u_C(0\_)e^{-\frac{t}{\tau}}=[u_C(0\_)-U_S]e^{-\frac{t}{\tau}}+U_S,\quad t\geqslant 0$$

$$i_C(t)=\frac{U_S}{R}e^{-\frac{t}{\tau}}-\frac{u_C(0\_)}{R}e^{-\frac{t}{\tau}}=\frac{U_S-u_C(0\_)}{R}e^{-\frac{t}{\tau}},\quad t\geqslant 0$$

图 10-1

图 10-2

全响应方程式表明:

① 全响应是零状态分量和零输入分量之和,它体现了线性电路的可加性。

② 全响应也可以看成是自由分量和强制分量之和。自由分量的起始值与初始状态与输入有关,而随时间变化的规律仅仅决定于电路的 R、C 参数。强制分量则仅与激励有关。当 $t\to\infty$ 时,自由分量趋于零,过渡过程结束,电路进入稳态。

(5) 对于上述零状态响应、零输入状态响应和全响应的一次过程,$u_C(t)$和 $i_C(t)$的波形可以用长余辉示波器直接显示出来。示波器工作在慢扫描状态,输入信号接在示波器的直流输入端。

(6) 对于 RC 电路的方波响应,在电路的时间常数远小于方波周期时,可以视为零状态响应和零输入响应的多次过程。方波的前沿相当于给电路一个阶跃输入,其响应就是零状态响应;方波的后沿相当于在电容具有初始值 $u_C(0_)$时把电源用短路置换,电路响应转换成零输入响应。

为了清楚地观察到响应的全过程,可使方波的半周期和时间常数 τ 保持 5∶1 左右的关系。由于方波是周期信号,可以用普通示波器显示出稳定的图形(图 10-3),以便于定量分析。

(7) RC 电路充放电时间常数 τ 可以从响应波形中估算出来。设时间坐标单位 t 确定,对于充电曲线来说,幅值上升到终值的 63.2%所对应的时间即为一个 τ,如图 10-4(a)所示;对于放电曲线,幅值下降到初值的 36.8%所对应的时间即为一个 τ,如图 10-4(b)所示。

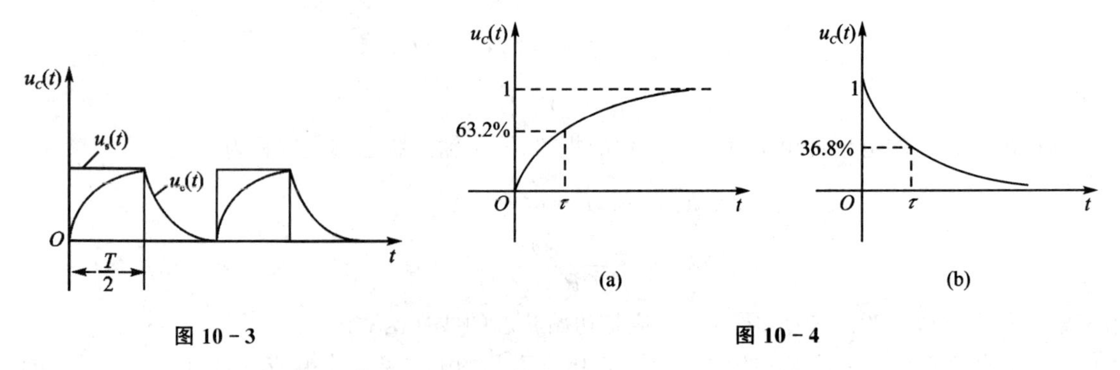

图 10-3

图 10-4

三、实验设备

一阶响应实验设备如表 10-1 所列。

表 10 - 1

序　号	名　称	型号与规格	数　量	备　注
1	函数信号发生器	DDH - 2	1	
2	示波器	泰克 TBS 1052B	1	
3	单刀双掷开关板		1	
4	电阻箱	0～99 999 Ω	2	
5	电容箱	0～10 μF	1	

四、实验内容

1. 研究 RC 电路的零输入响应与零状态响应

实验电路如图 10 - 5 所示。U_S 为直流电压源，r 为电流取样电阻。开关 K 首先置于位置 2，当电容器电压为零后，开关由位置 2 转到位置 1，即可用示波器观察到零状态响应的波形；电路达到稳态以后，开关再由位置 1 转到位置 2，即可观察到零输入响应的波形。分别改变电阻 R、电容 C 和电压 U_S 的数值，观察并描绘出零输入响应和零状态响应时 $u_C(t)$ 和 $i_C(t)$ 的波形。

2. 研究 RC 电路的方波响应

实验线路原理图如图 10 - 6 所示。图中 $u_S(t)$ 为方波信号发生器产生的周期为 T 的信号电压。适当选取方波电源的周期和 R、C 的数值，观察并描绘出 $u_C(t)$ 和 $i_C(t)$ 的波形。改变 R 或 C 的数值，使 $RC=\frac{T}{10}$、$RC\ll\frac{T}{2}$、$RC=\frac{T}{2}$、$RC\gg\frac{T}{2}$，观察 $u_C(t)$ 和 $i_C(t)$ 如何变化，并作记录。

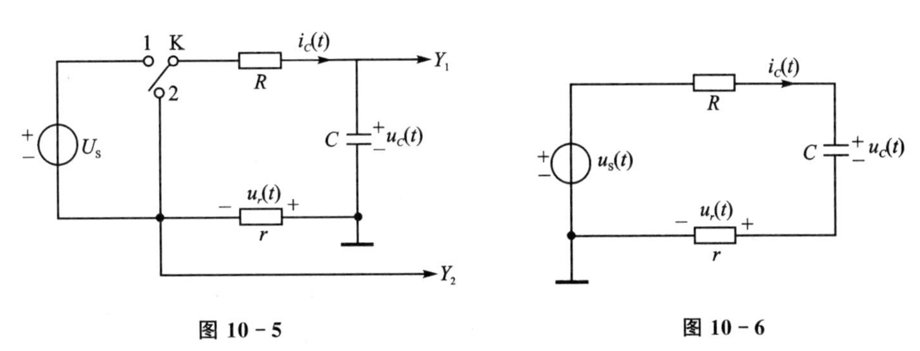

图 10 - 5　　图 10 - 6

五、注意事项

(1) 用示波器观察响应的一次过程时(见图 10 - 5)，扫描时间要选取适当，当扫描亮点开始在荧光屏左端出现时，立即合上开关 K。

(2) 在观察 $u_C(t)$ 和 $i_C(t)$ 波形时，由于其幅值相差较大，因此要注意调节 Y 轴的灵敏度。

(3) 由于示波器和方波信号发生器的公共地线必须接在一起，因此在实验中，方波响应、零输入和零状态响应的电流取样电阻 r 的接地端不同，在观察和描绘电流响应波形时，注意分析波形的实际方向。

六、思考题

(1) 当电容具有初始值时,RC电路在阶跃激励下是否会出现没有暂态的现象,为什么?

(2) 如何用实验方法证明全响应是零状态响应分量和零输入响应分量之和?

七、实验报告要求

(1) 把观察描绘出的各响应的波形分别画在坐标纸上,并作出必要的说明。

(2) 从方波响应 $u_C(t)$ 的波形中估算出时间常数 τ,并与计算值相比较。

(3) 回答思考题(1)。

实验十一　二阶电路的响应与状态轨迹

一、实验目的

(1) 研究 RLC 串联电路对应的二阶微分方程的解的类型特点及其与元件参数的关系。

(2) 观察分析各种类型的状态轨迹(相迹)。

二、原理与说明

1. 二阶电路

凡是可用二阶微分方程来描述的电路称为二阶电路。图 11－1 所示的线性 RLC 串联电路是一个典型的二阶电路(图中 U_S 为直流电压源),可以用下述线性二阶常系数微分方程来描述:

$$LC\frac{d^2u_C}{dt^2}+RC\frac{du_C}{dt}+u_C=U_S$$

由初始值 $u_C(0\_)=U_0$,求解微分方程,可以得出电容上的电压 $u_C(t)$,得

$$\left.\frac{du_C(t)}{dt}\right|_{t=0}=\frac{i_L(0\_)}{C}=\frac{I_0}{C}$$

再求得 $i_C(t)$ 为

$$i_C(t)=C\frac{du_C(t)}{dt}$$

2. RLC 串联电路的零输入响应

图 11－2 所示为 R、L、C 串联电路。该电路的零输入响应的类型与元件参数有关。

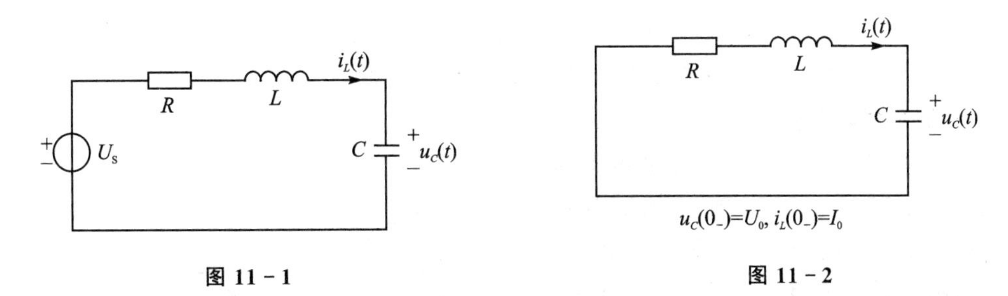

图 11－1　　图 11－2

设电容上的初始电压 $u_C(0_)$为 U_0,流过电感的初始电流 $i_L(0_)$为 I_0;定义衰减系数(阻尼系数)$\alpha=\dfrac{R}{2L}$,谐振角频率 $\omega_0=\dfrac{1}{\sqrt{LC}}$。以下将各种阻尼情况给以介绍。

(1) 当 $\alpha>\omega_0$,即 $R>2\sqrt{\dfrac{L}{C}}$ 时,响应是非振荡的,称为过阻尼情况。响应函数为

$$u_C(t)=\frac{U_0}{s_1-s_2}(s_1e^{s_2t}-s_2e^{s_1t})+\frac{I_0}{s_1-s_2C}(e^{s_1t}-e^{s_2t}),\quad t\geqslant 0$$

$$i_L(t)=U_0\frac{s_1s_2C}{s_1-s_2}(e^{s_2t}-e^{s_1t})+\frac{I_0}{s_1-s_2}(s_1e^{s_1t}-s_2e^{s_2t}),\quad t\geqslant 0$$

其中 s_1、s_2 是微分方程的特征根,分别为

$$s_1 = -\alpha + \sqrt{\alpha^2 - \omega_0^2}$$

$$s_2 = -\alpha - \sqrt{\alpha^2 - \omega_0^2}$$

(2) 当 $\alpha = \omega_0$,即 $R = 2\sqrt{\dfrac{L}{C}}$ 时,响应是临近振荡,称为临界阻尼情况。响应函数为

$$u_C(t) = U_0(1 + \alpha t)e^{-\alpha t} + \frac{I_0}{C} t e^{-\alpha t}, \quad t \geqslant 0$$

$$i_L(t) = -U_0 \alpha^2 C t e^{-\alpha t} + I_0(1 - \alpha t)e^{-\alpha t}, \quad t \geqslant 0$$

(3) 当 $\alpha < \omega_0$,即 $R < 2\sqrt{\dfrac{L}{C}}$ 时,响应是振荡性的,称为欠阻尼情况。其衰减振荡角频率为

$$\omega_d = \sqrt{\omega_0^2 - \alpha^2} = \sqrt{\frac{1}{LC} - \frac{R^2}{4L^2}}$$

响应函数为

$$u_C(t) = U_0 \frac{\omega_0}{\omega_d} e^{-\alpha t} \cos(\omega_d t - \theta) + \frac{I_0}{\omega_d C} e^{-\alpha t} \sin \omega_d t, \quad t \geqslant 0$$

$$i_L(t) = -U_0 \frac{\omega_0^2 C}{\omega_d} e^{-\alpha t} \sin \omega_d t + \frac{I_0 \omega_0}{\omega_d} e^{-\alpha t} \cos(\omega_d t + \theta), \quad t \geqslant 0$$

式中,$\theta = \arcsin \dfrac{\alpha}{\omega_0}$。

(4) 当 $R = 0$ 时,响应是等幅振荡性的,称为无阻尼情况。等幅振荡角频率 ω 即为谐振角频率 ω_0,响应函数为

$$u_C(t) = U_0 \cos \omega_0 t + \frac{I_0}{\omega_d C} \sin \omega_0 t, \quad t \geqslant 0$$

$$i_L(t) = -U_0 \omega_0 C \sin \omega_0 t + I_0 \cos \omega_0 t, \quad t \geqslant 0$$

(5) 当 $R < 0$ 时,响应是发散振荡性的,称为负阻尼情况。

3. 欠阻尼状态分析

对于欠阻尼情况,衰减振荡角频率 ω_d 和衰减系数 α 可以从响应波形中测量出来,例如在响应 $i_L(t)$ 的波形中(图 11-3),ω_d 可以利用示波器直接测出。对于 α 由于有

$$i_{1m} = A e^{-\alpha t_1}, \quad i_{2m} = A e^{-\alpha t_2}$$

故

$$\frac{i_{1m}}{i_{2m}} = e^{-\alpha t(t_1 - t_2)} = e\alpha^{(t_2 - t_1)}$$

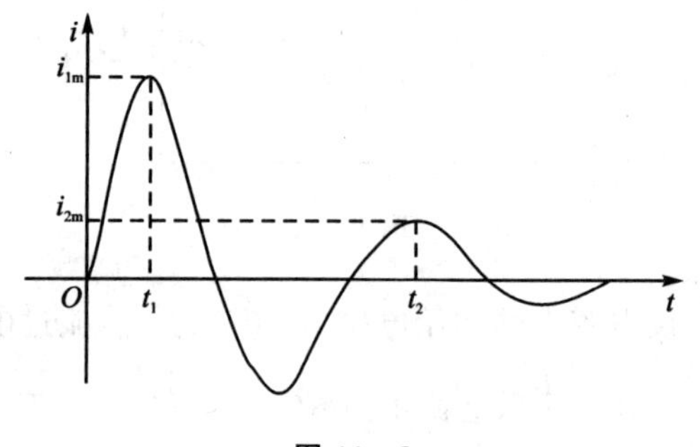

图 11-3

显然,$(t_2 - t_1)$ 即为周期 $T_d = \dfrac{2\pi}{\omega_d}$,所以

$$\alpha = \frac{1}{T} \ln \frac{i_{1m}}{i_{2m}}$$

由此可见,用示波器测出周期 T_d 和幅值 i_{1m}、i_{2m} 后,就可以算出 α 的值。

4. 零输入时的欠阻尼、过阻尼波形分析及测量

对于图 11-1 所示的电路，也可以用两个一阶方程的联立即状态方程来求解：

$$\frac{\mathrm{d}u_C(t)}{\mathrm{d}t}=\frac{i_L(t)}{C},\quad \frac{\mathrm{d}i_L(t)}{\mathrm{d}t}=-\frac{u_C(t)}{L}-\frac{Ri_L(t)}{L}-\frac{U_s}{L}$$

初始值为

$$u_C(0\_)=U_0,\quad i_L(0\_)=I_0$$

其中，$u_C(t)$和 $i_L(t)$为状态变量。对于所有 $t\geqslant 0$ 的时刻，由状态变量在状态平面上所确定的点的集合，叫做状态轨迹。示波器置于水平工作方式，当 Y 轴输入 $u_C(t)$波形，X 轴输入$i_L(t)$波形时，适当调节 Y 轴和 X 轴的幅值，即可在荧光屏上显现出状态轨迹的图形，如图 11-4 所示。

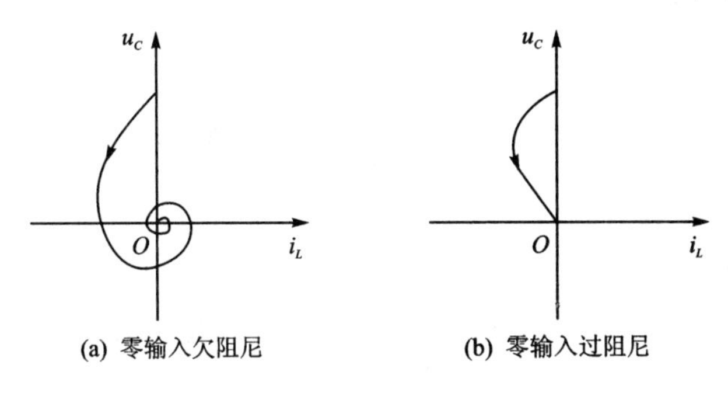

(a) 零输入欠阻尼　　(b) 零输入过阻尼

图 11-4

三、实验设备

测量二阶电路的响应与状态轨迹所需设备如表 11-1 所列。

表 11-1

序　号	名　称	型号与规格	数　量	备　注
1	函数信号发生器	DDH-2	1	
2	示波器	泰克 TBS 1052B	1	
3	单刀双掷开关板		1	
4	电阻箱	0～99 999 Ω	2	
5	电容箱	0～10 μF	1	
6	电感箱	0～200 mH	1	

四、实验内容

(1) 研究 RLC 串联电路的零输入响应 $u_C(t)$、$i_L(t)$和阶跃响应。实验线路如图 11-5 所示。图中 U_S 为直流电压源。改变电阻 R 的数值，观察上述两种响应的过阻尼、欠阻尼和临界阻尼情况，并描绘出 $u_C(t)$和 $i_L(t)$的波形。对于回路的总电阻，要考虑到实际电感器中的直流电阻 R_L 和电流取样电阻 r_0。

(2) * 将示波器置于“水平”工作方式，观察并描绘上述各种情况下的状态轨迹。

(3) 观察并描绘过阻尼、临界阻尼和欠阻尼情况下的方波响应。对欠阻尼情况,在改变电阻时,注意衰减振荡角频率 ω_d 及衰减系数 ω_d 对波形的影响,并用示波器测出一组 ω_d 和 α 的值。

为了清楚地观察到电路响应的全过程,可选取方波信号源的半周期和电路谐振时的周期保持在5∶1左右的关系。

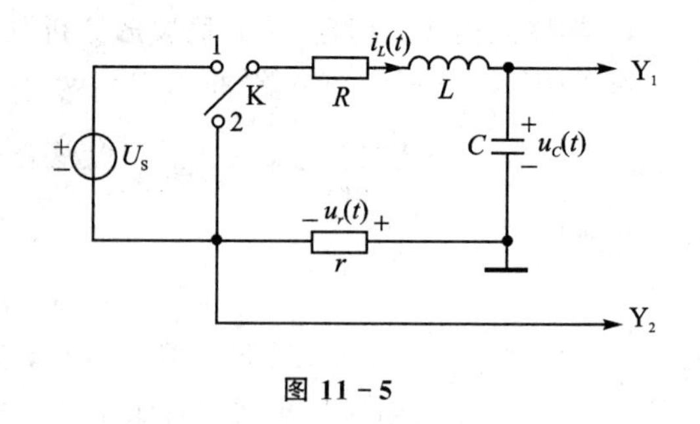

图 11-5

(4) * 观察并描绘方波激励时上述各种情况下的状态轨迹。

五、注意事项

(1) 参见实验十中的注意事项。

(2) 观察零输入响应和阶跃响应的状态轨迹时,注意轨迹的起点、终点以及出现最大值的位置。

六、思考题

(1) 当RLC电路处于过阻尼情况时,若再增加回路的电阻 R 值,对过渡过程有何影响?当电路处于欠阻尼情况时,若再减小回路的电阻 R 值,对过渡过程又有何影响?为什么?在什么情况下电路达到稳态的时间最短?

(2) 不做实验,能否根据欠阻尼情况下的 $u_C(t)$、$i_L(t)$ 波形定性地画出其状态轨迹?

七、实验报告要求

(1) 把观察到的各个波形分别画在坐标上,并结合电路元件的参数加以分析讨论。

(2) 根据实验参数,计算欠阻尼情况下方波响应中 ω_d 的数值,并与实测数据相比较。

(3) 回答思考题(1)。

实验十二　R、L、C 元件阻抗特性的测定

一、实验目的

(1) 验证电阻、感抗、容抗与频率的关系，测定 $R-f$、X_L-f 及 X_C-f 的特性曲线。

(2) 加深理解 R、L、C 元件端电压与电流间的相位关系。

二、原理说明

(1) 在正弦交变信号作用下，RLC 电路元件在电路中的抗流作用与信号的频率有关，它们的阻抗频率特性 $R-f$，X_L-f，X_C-f 曲线如图 12－1 所示。

(2) 元件阻抗频率特性的测量电路如图 12－2 所示。

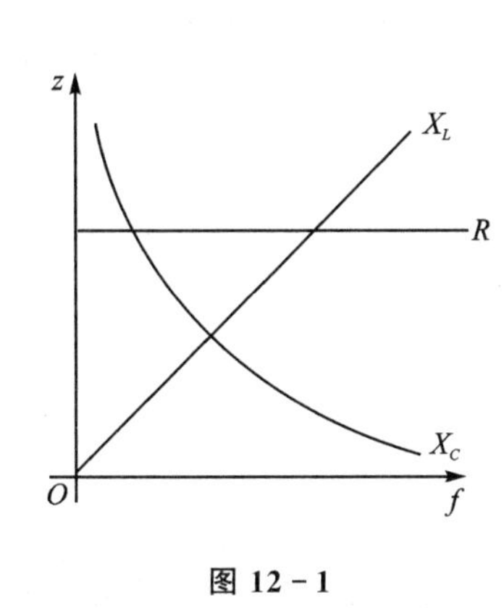

图 12－1

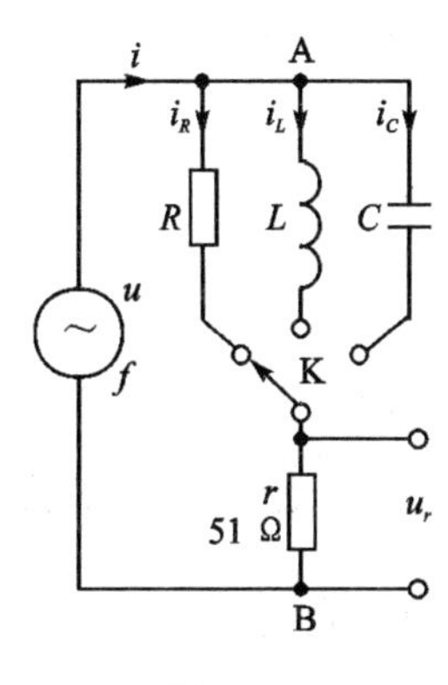

图 12－2

图 12－2 中的 r 是提供测量回路电流用的标准小电阻。由于 r 的阻值远小于被测元件的阻抗值，因此可以认为 AB 之间的电压就是被测元件 R、L 或 C 两端的电压，流过被测元件的电流则可由 r 两端的电压除以 r 所得。

若用示波器同时观察 r 与被测元件两端的电压，也就展现出被测元件两端的电压和流过该元件电流的波形，从而可在荧光屏上测出电压与电流的幅值及它们之间的相位差。

① 将元件 RLC 串联或并联相接，也可用同样的方法测得 $Z_{串}$ 与 $Z_{并}$ 的阻抗频率特性 $Z-f$ 曲线；根据电压、电流的相位差可判断 $Z_{串}$ 或 $Z_{并}$ 是感性还是容性负载。

② 元件的阻抗角（相位差 φ）随输入信号的频率变化而改变。将各个不同频率下的相位差画在以角频率 ωt 为横坐标、阻抗角 φ 为纵坐标的坐标纸上，并用光滑的曲线连接这些点，即得到阻抗角的频率特性曲线。

用示波器测量阻抗角的方法如图 12－3 所示。从荧光屏上数得一个周期占 n 格，相位差占 m 格，则实际的相位差 φ（阻抗角）为

$$\varphi = m \times \frac{360°}{n}$$

三、实验设备

测量 R、L、C 元件阻抗特性所需实验设备如表 12－1 所列。

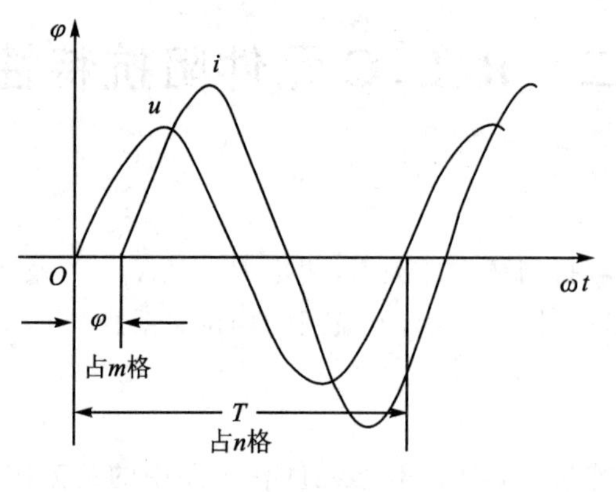

图 12-3

表 12-1

序　号	名　称	型号与规格	数　量	备　注
1	函数信号发生器	DDH-2	1	
2	交流电压表	0～600 V	1	
3	示波器	泰克 TBS 1052B	1	
4	频率计		1	
5	实验线路元件	$R=1\ k\Omega$,$r=50\ \Omega$,$C=1\ \mu F$,L 约 10 mH	1	

四、实验内容

(1) 测量 R、L、C 元件的阻抗频率特性:通过电缆线将函数信号发生器输出的正弦信号接至如图 12-2 所示的电路,作为激励源 u,并用交流毫伏表测量,使激励电压的有效值 $U=3$ V,并保持不变。

使信号源的输出频率从 200 Hz 逐渐增至 5 kHz(用频率计测量),并使开关 K 分别接通 R、L、C 三个元件,用交流毫伏表测量 U_r,并计算各频率点时的 I_R、I_L 和 I_C(U_r/r)以及 $R=U/I_R$、$X_L=U/I_L$ 和 $X_C=U/I_C$ 之值。

注意:在接通 C 测试时,信号源的频率应控制在 200～2 500 Hz 之间。

(2) 用双踪示波器观察在不同频率下各元件阻抗角的变化情况,按图 12-3 记录 n 和 m,算出 φ。

(3) 测量 RLC 元件串联的阻抗角频率特性。

五、实验注意事项

(1) 交流毫伏表属于高阻抗电表,测量前必须先调零。

(2) 测 φ 时,示波器的“V/div”和“t/div”的微调旋钮应旋置“校准位置”。

六、预习思考题

测量 R、L、C 各个元件的阻抗角时,为什么要串联一个小电阻?可否用一个小电感或大电容代替?为什么?

七、实验报告

(1) 根据实验数据，在方格纸上绘制 R、L、C 三个元件的阻抗频率特性曲线，从中可得出什么结论？

(2) 根据实验数据，在方格纸上绘制 R、L、C 三个元件串联的阻抗角频率特性曲线，并总结和归纳出结论。

实验十三　用三表法测量交流电路等效参数

一、实验目的

(1) 学会用交流电压表、交流电流表和功率表测量元件的交流等效参数的方法。

(2) 学会功率表的接法和使用。

二、原理说明

1. 正弦交流信号的基本参数

正弦交流信号激励下的元件值或阻抗值，可以用交流电压表、交流电流表及功率表分别测出元件两端的电压 U、流过该元件的电流 I 和它所消耗的功率 P，然后通过计算得到所求的各值，这种方法称为三表法。三表法是用以测量 50 Hz 交流电路参数的基本方法。

计算的基本公式为

阻抗的模　$$|Z|=\frac{U}{I}$$

电路的功率因数　$$\cos\varphi=\frac{P}{UI}$$

等效电阻　$$R=\frac{P}{I^2}=|Z|\cos\varphi\cdot UI$$

等效电抗　$$X=|Z|\sin\varphi$$

或　$$X=X_L=2\pi fL,\quad X=X_C=\frac{1}{2\pi fC}$$

2. 阻抗性质的判别方法

该方法可用在被测元件两端并联电容或将被测元件与电容串联的方法来判别。其原理如下：

(1) 在被测元件两端并联一只适当容量的试验电容，若串接在电路中电流表的读数增大，则被测阻抗为容性，电流减小则为感性。

图 13－1(a)中，Z 为待测定的元件，C'为试验电容器。图(b)是图(a)的等效电路，图中 G、B 为待测阻抗 Z 的电导和电纳，B'为并联电容 C'的电纳。在端电压有效值不变的条件下，按下面两种情况进行分析：

① 设 $B+B'=B''$，若 B'增大，B''也增大，则电路中电流 I 将单调地上升，故可判断 B 为容性元件。

② 设 $B+B'=B''$，若 B'增大，而 B''先减小而后再增大，电流 I 也是先减小后上升，如图 13－2 所示，则可判断 B 为感性元件。

由以上分析可见，当 B 为容性元件时，对并联电容 C'值无特殊要求；而当 B 为感性元件时，$B'<|2B|$ 才有判定为感性的意义。$B'>|2B|$ 时，电流单调上升，与 B 为容性时相同，并不能说明电路是感性的。因此 $B'<|2B|$ 是判断电路性质的可靠条件，由此得判定条件

为 $C'<\left|\frac{2B}{\omega}\right|$。

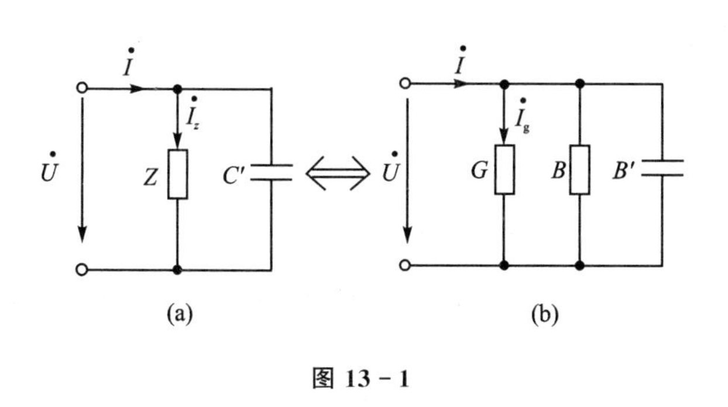

图 13-1

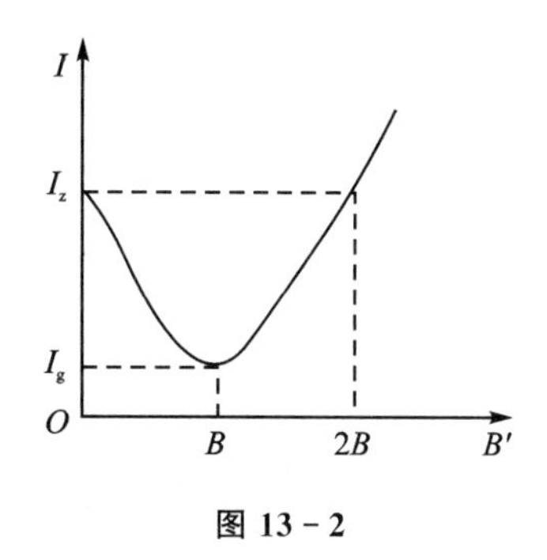

图 13-2

(2) 与被测元件串联一个适当容量的试验电容，若被测阻抗的端电压下降，则判为容性，端压上升则为感性。判定条件为 $\frac{1}{\omega C'}<|2X|$。式中，X 为被测阻抗的电抗值，C'为串联试验电容值，此关系式可自行证明。

判断待测元件的性质，除上述借助于试验电容 C′测定法外，还可以利用该元件的电流 I 与电压 U 之间的相位关系来判断。若 I 超前于 U，为容性；I 滞后于 U，则为感性。

3. 功率表的使用

本实验所用的功率表为智能交流功率表，其电压接线端应与负载并联，电流接线端应与负载串联。

三、实验设备

用三表法测量电路等效参数所需设备见表 13-1。

表 13-1

序　号	名　称	型号与规格	数　量	备　注
1	交流电压表	0～500 V	1	
2	交流电流表	0～10 A	1	
3	功率表		1	
4	自耦调压器	0～250 V	1	
5	电感线圈	20 W 荧光灯镇流器	1	
7	电容器	1 μF /500 V	1	

四、实验内容

测试线路如图 13-3 所示。

(1) 按图 13-3 接线，并经指导教师检查后，方可接通市电电源。

(2) 分别测量 A 元件和 B 元件的等效参数，记入表中。

(3) 测量 A、B 串联与并联后的等效参数。

A 元件——20 W 荧光灯镇流器。

B 元件——4 μF 电容和 300 Ω 电阻串联。

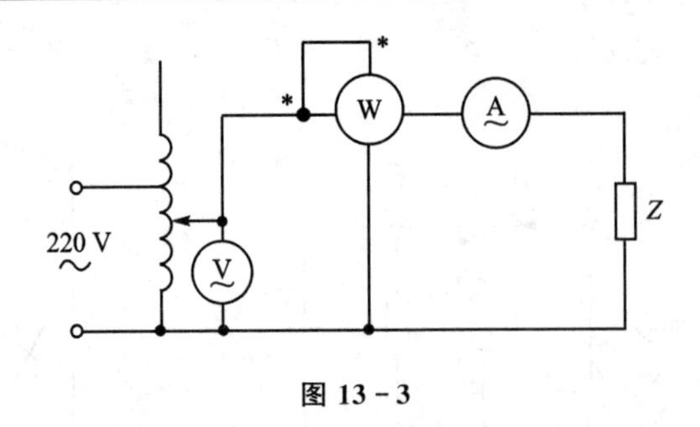

图 13-3

(4) 调节变压器绕阻,改变输入交流电压使图 13-3 中电流表的读数始终保持在 0.1 A,并按表 13-2 要求测试与记录。

表 13-2

被测阻抗	测量值				计算值		电路等效参数			并接电容
	U/V	I/A	P/W	$\cos\varphi$	Z/Ω	$\cos\varphi$	R/Ω	L/mH	C/μF	/μF
A		0.1							—	
B		0.1						—		
A 与 B 串联		0.1						—	—	
A 与 B 并联		0.1					—	—	—	

(5) 用并接试验电容法验证和判别负载性质的正确性。

五、实验注意事项

(1) 本实验直接用市电 220 V 交流电源供电,实验中要特别注意人身安全,不可用手直接触摸通电线路的裸露部分,以免触电,进实验室应穿绝缘鞋。

(2) 自耦调压器在接通电源前,应将其手柄置在零位上,调节时,使其输出电压从零开始逐渐升高。每次改接实验线路,都必须先将其旋柄慢慢调回零位,再断电源。必须严格遵守这一安全操作规程。

(3) 实验前应详细阅读智能交流功率表的使用说明书,熟悉其使用方法。

六、预习思考题

(1) 在 50 Hz 的交流电路中,测得一只铁芯线圈的 P、I 和 U 值,但如何算得它的阻值及电感量?

(2) 如何用串联电容的方法来判别阻抗的性质?试用 I 随 X'_C(串联容抗)的变化关系作定性分析,证明串联试验时,C' 满足 $\frac{1}{\omega C'}<|2X|$。

七、实验报告

(1) 根据实验数据,完成各项计算。

(2) 完成预习思考题(1)、(2)的任务。

实验十四　功率因数提高

一、实验目的

(1) 熟悉荧光灯的接线,做到能正确迅速连接电路。

(2) 通过实验了解功率因数提高的意义。

(3) 熟练功率表的使用。

二、原理说明

1. 提高功率因数的意义

在正弦交流电路中,电源发出的功率为 $p=ui\cos\varphi$。其中 $\cos\varphi$ 称为功率因数,φ 为总电压与总电流之间的相位差,即负载的阻抗角。发电设备将电能输送给用户,用户负载大多数为感性负载(如电动机、荧光灯等)。感性负载的功率因数较低,会引起以下两个问题:

(1) 发电设备的容量不能充分利用。发电设备的容量 $S=UI$。在额定工作状态时,发电设备发出的有功功率 $P=UI\cos\varphi$,只有在电阻性负载(如照明灯、电炉等)电路中 $\cos\varphi=1$;而对于感性负载,$\cos\varphi<1$,电路中会出现负载与电源之间无功能量的交换,电源就要发出一个无功功率 $Q=UI\sin\varphi$。电源在输出同样的额定电压 u 与额定电流 i 的情况下,功率因数越小,发出的有功功率 P 就越小,造成发电设备的容量不能充分利用。

(2) 增加线路和发电设备的损耗。当发电机的电压 u 和输出功率 p 一定时,$\cos\varphi$ 越低,电流 i 越大,将引起线路和发电设备损耗的增加。

综上所述,提高电网的功率因数,对于降低电能损耗、提高发电设备的利用率和供电质量具有重要的经济意义。

2. 提高功率因数的方法

针对实际用电负载多为感性且功率因数较低的情况,简单而又易于实现的提高功率因数的方法就是在负载两端并联电容器。

负载电流中含有感性无功电流分量,并联电容器的目的就是取其容性无功电流分量补偿负载感性无功电流分量。如图 14-1 所示,并联电容器以后,电感性负载本身的电流 $\dot{i}_L$ 和负

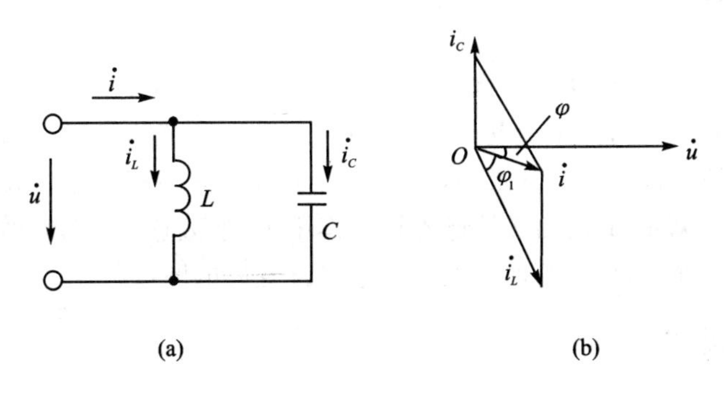

图 14-1

载的功率因数 $\cos\varphi_1$ 均未改变,但电源电压 $\dot{U}$ 与线路电流 $\dot{I}$ 之间的相位差 φ 减小了,即 $\cos\varphi$ 增大了。这里所说的功率因数的提高,指的是提高电源或电网的功率因数,而负载本身的功率因数不变。改变电容器的数值可以实现不同程度的补偿,合理地选取电容的数值,便可达到所要求的功率因数。

实验中以荧光灯(连同镇流器)作为研究对象,荧光灯电路属于感性负载,但镇流器有铁芯,它与线性电感线圈有一定差别;严格地说,荧光灯电路为非线性负载。

3. 荧光灯的电路结构和工作原理

荧光灯电路由灯管、启辉器和镇流器组成,如图 14-2 所示。

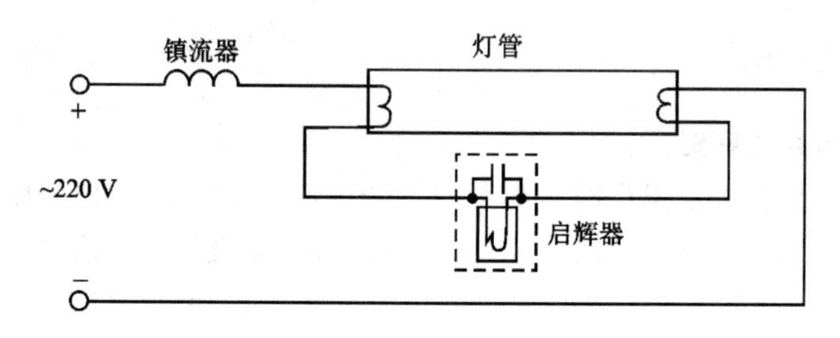

图 14-2

(1) 灯管:荧光灯灯管两端装有发射电子用的灯丝,管内充有惰性气体及少量的水银蒸气,管内壁上涂有一层荧光粉。当灯管两端灯丝加热并在两端加上较高电压时,管内水银蒸气在电子的撞击下游离放电,产生弧光。弧光中的射线射在管壁的荧光粉上就会激励发光。灯管在放电后只需较低的电压就能维持其继续放电。因而要使荧光灯管正常工作,则必须在启动时产生一个瞬时较高电压,而在灯亮后又能限制其工作电流,维持灯管两端有较低电压。

(2) 启辉器(跳泡):它是一个小型辉光放电管,管内充有氖气。它有两个电极:一个是由膨胀系数不同的 U 形双金属片组成,称可动电极;另一个是固定电极。为了避免在断开时产生火花烧毁电极,通常并联一只小电容。启辉器实际上起一个自动开关的作用。

(3) 镇流器:它是一个带铁芯的电感线圈。其作用是在荧光灯启动时产生一个较高的自感电动势去点燃灯管,灯管点燃后它又限制通过灯管的电流,使灯管两端维持较低的电压。

在接通电源瞬间,由于启辉器是断开的,荧光灯电路中并没有电流。电压全部加在启辉器两极间,使两极间气体游离,产生辉光放电。此时两极发热,U 形双金属片受热膨胀,与固定电极接触。这时电路构成闭合回路,于是电流通过灯丝使灯丝加热,为灯丝发射电子准备了条件。

启辉器两极接触时,两极间电压就下降为零,辉光放电立即停止。金属片冷却收缩,与固定电极断开。在断开的瞬间电路中电流突然下降为零,于是在镇流器两端产生一个较高的自感电动势。它与电源一起加在灯管两端,使灯管内水银蒸气游离放电。放电发出的射线使管内壁的荧光粉发出可见光,此时启辉器已不再起作用了,电流直接通过灯管与镇流器构成闭合回路。镇流器起限流作用,使灯管两端电压能维持自身放电即可。

三、实验设备

提高功率因数的测试所需设备如表 14-1 所列。

表 14-1

序　号	名　称	型号与规格	数　量	备　注
1	交流电压表	0～500 V	1	
2	交流电流表	0～10 A	1	
3	功率表		1	
4	自耦调压器	0～250 V	1	
5	镇流器(电感线圈)	与 20 W 荧光灯配用	1	
7	电容器	1 μF/500 V	1	

四、实验内容

(1) 将荧光灯及可变电容箱元件按图 14-3 所示电路连接。在各支路串联接入电流表插座,再将功率表接入线路,按图接线并经检查后,接通电源,电压增加至 210 V 左右。

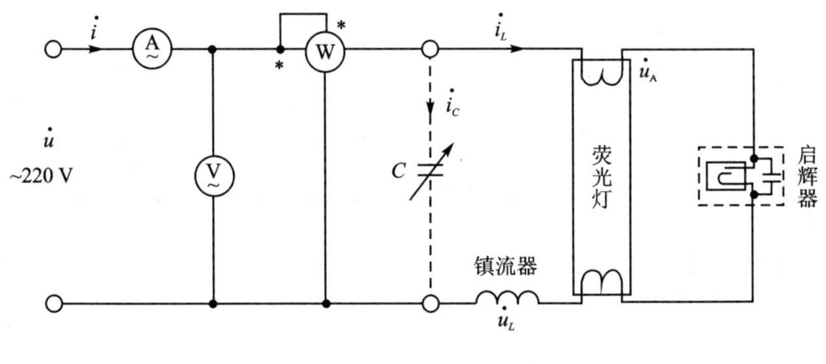

图 14-3

(2) 改变可变电容箱的电容值,先使 $C=0$,测量电源电压 $\dot{u}$、镇流器二端的电压 $\dot{u}_L$、荧光灯灯管二端的电压 $\dot{u}_A$,读取总电流 $\dot{i}$、灯管电流 $\dot{i}_L$、电容支路电流 $\dot{i}_C$ 及功率表读数 P。

(3) 逐渐增加电容 C 的数值,测量电源电压 $\dot{u}$、镇流器二端的电压 $\dot{u}_L$、荧光灯灯管二端的电压 $\dot{u}_A$,读取总电流 $\dot{i}$、灯管电流 $\dot{i}_L$、电容支路电流 $\dot{i}_C$ 及功率表读数 P。电容值不要超过 7 μF,否则电容电流过大。并将实验数据记录表 14-2 中。

表 14-2

电容 (μF)	总电压 $\dot{u}$/V	镇流器 $\dot{u}_L$/V	灯管 $\dot{u}_A$/V	总电流 $\dot{i}$/mA	镇流器 $\dot{i}_L$/mA	电容 $\dot{i}_C$/mA	功率 p/W	$\cos\varphi$ (计算值)
0								
0.47								
1.0								

续表 14-2

电容 (μF)	总电压 $\dot{u}$/V	镇流器 $\dot{u}_L$/V	灯管 $\dot{u}_A$/V	总电流 $\dot{i}$/mA	镇流器 $\dot{i}_L$/mA	电容 $\dot{i}_C$/mA	功率 p/W	$\cos\varphi$ (计算值)
1.47								
2.0								
3.0								
3.47								
4.0								
4.1								
4.22								
4.47								
5.0								
6.0								
7.0								

五、实验报告

(1) 完成上述数据测试,并列表记录。

(2) 绘出总电流 $i=f(c)$ 曲线,并分析讨论。

(3) 绘出 $\cos\varphi=f(c)$ 曲线,并分析讨论。

六、注意事项

(1) 荧光灯启动电压随环境温度会有所改变,一般在 120 V 左右可启动,荧光灯启动时电流较大(约 0.6 A),工作时电流约 0.37 A,注意仪表量程选择。

(2) 功率表的同名端按标准接法连接在一起,否则功率表中模拟指针表反向偏转,数字表则无显示。

(3) 使用功率表测量必须按下相应电压、电流量程开关,否则产生有不适当显示。

(4) 本实验如数据不符合理论规律首先检查供电电源波形是否过分畸变,因目前电网波形高次谐波分量相当高,如能在进线前装一个电源进线滤波器,这将是抑制谐波分量的有效措施。

实验十五　RC 选频网络特性测试

一、实验目的

(1) 熟悉文氏电桥电路的结构特点及其应用。

(2) 学会用交流毫伏表和示波器测定文氏桥式电路的幅频特性和相频特性。

二、原理说明

文氏电桥电路是一个 RC 的串、并联电路，如图 15－1 所示。该电路结构简单，被广泛应用于低频振荡电路中，并作为选频环节，可以获得很高纯度的正弦波电压。

(1) 用函数信号发生器的正弦输出信号作为图 15－1 的激励信号 u_i，并保持 u_i 值不变的情况下，改变输入信号的频率 f；用交流毫伏表或示波器测出输出端相应于各个频率点下的输出电压 u_o 值，将这些数据画在以频率 f 为横轴，u_o 为纵轴的坐标纸上，用一条光滑的曲线连接这些点。该曲线就是上述电路的幅频特性曲线。

文氏桥路的一个特点是其输出电压幅度不仅会随输入信号的频率而变，而且还会出现一个与输入电压同相位的最大值，如图 15－2 所示。

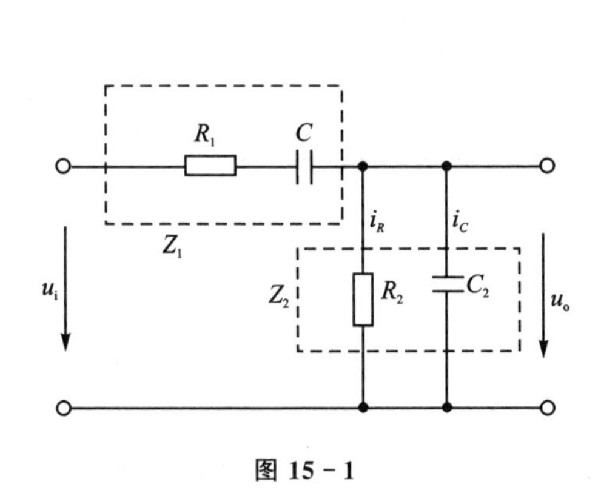

图 15－1

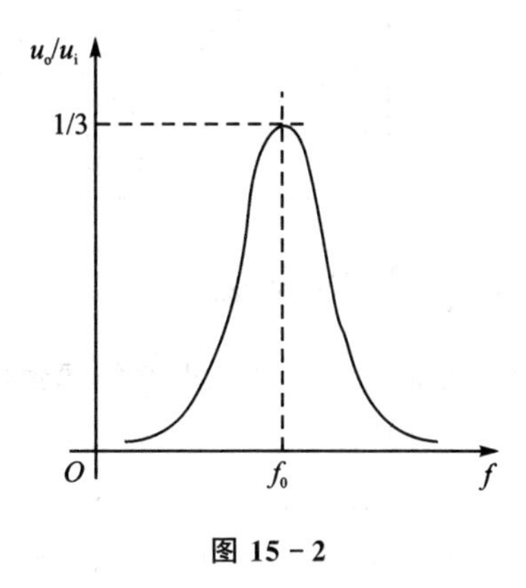

图 15－2

由电路分析得知，该网络的传递函数为

$$\beta=\frac{1}{3+\mathrm{j}(\omega RC-1/\omega RC)}$$

当角频率 $\omega=\omega_0=\dfrac{1}{RC}$时，$|\beta|=\dfrac{u_o}{u_i}=\dfrac{1}{3}$，此时 u_o 与 u_i 同相。由图 15－2 可见，RC 串并联电路具有带通特性。

(2) 将上述电路的输入和输出分别接到双踪示波器的 Y_A 和 Y_B 的两个输入端，改变输入正弦信号的频率，观测相应的输入和输出波形间的时延 τ 及信号的周期 T，则两波形间的相位差为 $\varphi=\dfrac{\tau}{T}\times360°=\varphi_o-\varphi_i$(输出相位与输入相位之差)。

将各个不同频率下的相位差 φ 画在以 f 为横轴，φ 为纵轴的坐标纸上，用光滑的曲线将这些点连接起来，即是被测电路的相频特性曲线，如图 15－3 所示。

由电路分析理论得知,当 $\omega=\omega_0=\frac{1}{RC}$,即 $f=f_0=\frac{1}{2\pi RC}$时,则 $\varphi=0$,u_o 与 u_i 同相位。

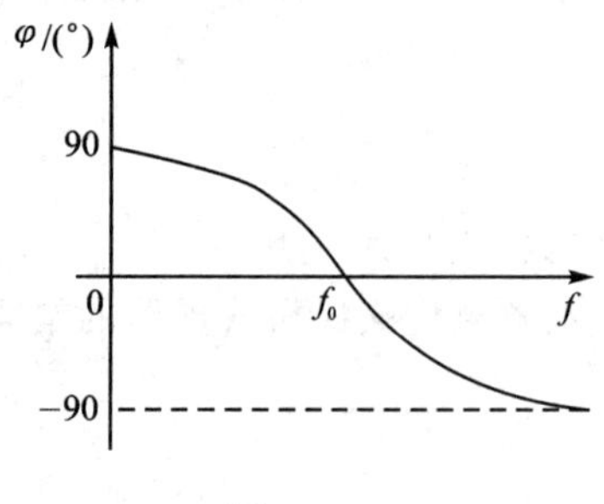

图 15-3

三、实验设备

表 15-1 列出了RC选频网络特性所需设备。

表 15-1

序 号	名 称	型号与规格	数 量	备 注
1	函数信号发生器及频率计	DDH-2	1	
2	示波器	泰克 TBS 1052B	1	
3	交流毫伏表	0～500 V	1	
4	RC选频网络实验板		1	

四、实验内容

1. 测量RC串、并联电路的幅频特性

(1) 利用"RC串、并联选频网络"线路,组成图15-1所示线路。取 $R=1\ \text{k}\Omega$,$C=0.1\ \mu\text{F}$。

(2) 调节信号源输出电压为3 V的正弦信号,接入图15-1的输入端。

(3) 改变信号源的频率 f(由频率计读得),并保持 $u_i=3$ V不变,测量输出电压 U_o(可先测量 $\beta=1/3$ 时的频率 f_0,然后再在 f_0 左右设置其他频率点的测量)。

(4) 取 $R=200\ \Omega$,$C=2.2\ \mu\text{F}$,重复上述测量,并将测得数据填入表15-2中。

表 15-2

$R=1\ \text{k}\Omega$,$C=0.1\ \mu\text{F}$	f/H_Z										
	u_o/V										
$R=200\ \Omega$,$C=2.2\ \mu\text{F}$	f/Hz										
	u_o/V										

2. 测量RC串、并联电路的相频特性

将图15-1的输入 u_i 和输出 u_o 分别接至双踪示波器的 Y_A 和 Y_B 输入端。改变输入正

弦信号的频率，观测不同频率点时，相应的输入与输出波形间的时延 τ 及信号的周期 T。两波形间的相位差为 $\varphi=\varphi_{o}-\varphi_{i}=\frac{\tau}{T}\times360°$，将测得数据填入表 15－3 中。

表 15－3

$R=1$ kΩ，$C=0.1$ μF	f/Hz										
	T/ms										
	τ/ms										
	φ										
$R=200$ Ω $C=2.2$ μF	f/Hz										
	T/ms										
	τ/ms										
	φ										

五、实验注意事项

由于信号源内阻的影响，输出幅度会随信号频率而变化。因此，在调节输出频率时，应同时调节输出幅度，使实验电路的输入电压保持不变。

六、预习思考题

（1）根据电路参数，分别估算文氏桥式电路两组参数时的固有频率 f_0。

（2）推导 RC 串并联电路的幅频、相频特性的数学表达式。

七、实验报告

（1）根据实验数据，绘制文氏电桥电路的幅频特性和相频特性曲线。找出 f_0，并与理论计算值相比较，分析误差原因。

（2）讨论实验结果。

实验十六　RLC 串联谐振电路的研究

一、实验目的

（1）学习用实验方法绘制 RLC 串联电路的幅频特性曲线。

（2）加深理解电路发生谐振的条件、特点，掌握电路品质因数（电路 Q 值）的物理意义及其测定方法。

二、原理说明

（1）在图 16－1 所示的 RLC 串联电路中，当正弦交流信号源的频率 f 改变时，电路中的感抗、容抗随之而变，电路中的电流也随 f 而变。取电阻 R 上的电压 u_o 作为响应，当输入电压 u_i 的幅值维持不变时，在不同频率的信号激励下，测出 u_o 之值，然后以 f 为横坐标，以 u_o/u_i 为纵坐标（因 u_i 不变，故也可直接以 u_o 为纵坐标），绘出光滑的曲线，此即为幅频特性曲线，亦称谐振曲线，如图 16－2 所示。

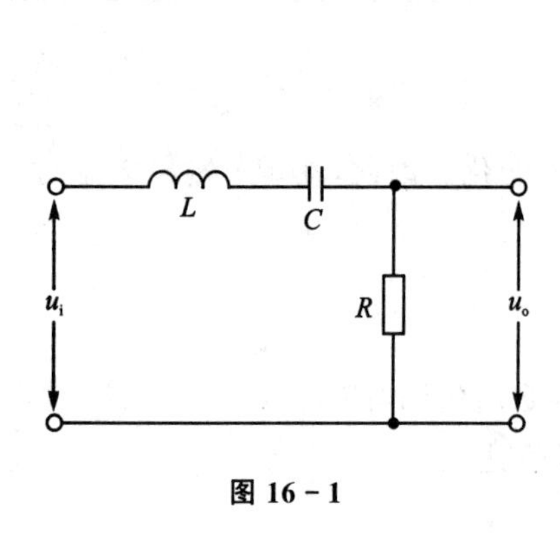

图 16－1

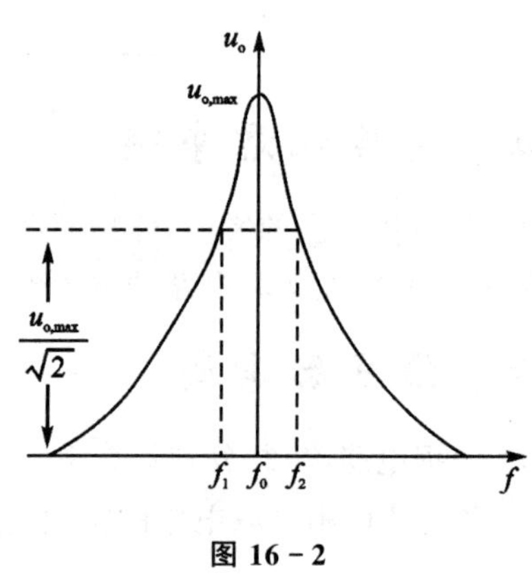

图 16－2

（2）在 $f=f_0=\dfrac{1}{2\pi\sqrt{LC}}$ 处，即幅频特性曲线尖峰所在的频率点称为谐振频率。此时 $X_L=X_C$，电路呈纯阻性，电路阻抗的模为最小。在输入电压 u_i 为定值时，电路中的电流达到最大值，且与输入电压 u_i 同相位。从理论上讲，此时 $u_i=u_R=u_o$，$u_L=u_C=Qu_i$，式中的 Q 称为电路的品质因数。

（3）电路品质因数 Q 值的两种测量方法：一是根据公式 $Q=\dfrac{u_L}{u_o}=\dfrac{u_C}{u_o}$ 测定；式中 u_C 与 u_L 分别为谐振时电容器 C 和电感线圈 L 上的电压。另一方法是通过测量谐振曲线的通频带宽度 $\Delta f=f_2-f_1$，再根据 $Q=\dfrac{f_0}{f_2-f_1}$ 求出 Q 值；式中 f_0 为谐振频率，f_2 和 f_1 是失谐时，亦即输出电压的幅度下降到最大值的 $1/\sqrt{2}$（0.707）时的上、下频率点。Q 值越大，曲线越尖锐，通频带越窄，电路的选择性越好。在恒压源供电时，电路的品质因数、选择性与通频带只决定于电路本身的参数，而与信号源无关。

三、实验设备

表 16－1 为测量 RLC 串联谐振电路所需设备。

表 16－1

序　号	名　称	型号与规格	数　量	备　注
1	函数信号发生器	DDH－2	1	
2	交流电压表	0～600 V	1	
3	示波器	泰克 TBS 1052B	1	
4	频率计		1	
5	谐振电路实验电路板	R＝200 Ω、1 kΩ C＝0.01 μF，0.1 μF， L≈100 mH		

四、实验内容

（1）按图 16－3 组成监视、测量电路。先选用 C_1、R_1 的某一参数值，然后用交流毫伏表测量电压，用示波器监视信号源输出。令信号源输出正弦电压 u_i＝4 V，并保持不变。

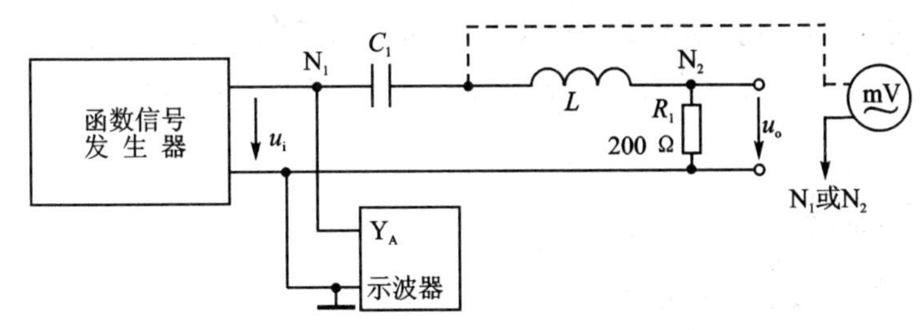

图 16－3

（2）找出电路的谐振频率 f_0。其方法是，将交流毫伏表接在电阻 R 两端，令信号源的频率由小逐渐变大（注意要维持信号源的输出幅度不变），当 u_o 的读数为最大时，读得频率计上的频率值即为电路的谐振频率 f_0，并测量 u_C 与 u_L 之值（注意及时更换毫伏表的量程）。

（3）在谐振点两侧，按频率递增或递减 500 Hz 或 1 kHz，依次各取 8 个测量点，逐点测出 u_o、u_L 和 u_C 之值，然后记入数据表 16－2 中。

表 16－2

f/kHz														
u_o/V														
u_L/V														
u_C/V														
$u_{i,P\text{-}P}$＝4 V，　C＝0.01 μF，　R＝500 Ω，　f_0＝　　　，　f_2-f_1＝　　　，　Q＝														

(4) 将电阻改为 R_2 的某参数值,重复步骤(2)、(3)的测量过程,并将测试结果填入表16-3中。

表16-3

f/kHz														
u_o/V														
u_L/V														
u_C/V														
$u_{i,P-P}=4$ V, $C=0.01\ \mu$F, $R=1$ kΩ, $f_0=$, $f_2-f_1=$, $Q=$														

(5) 选原 C_1 改成另一参数的 C_2,重复步骤(2)~(4),并将测试结果填入自制表中。

五、实验注意事项

(1) 测试频率点应在靠近谐振频率附近多取几点。在变换频率测试前,应调整信号输出幅度(用示波器监视输出幅度),使其维持在3 V值。

(2) 测量 u_C 和 u_L 数值前,应将毫伏表的量程改大,而且在测量 u_L 与 u_C 时毫伏表的"+"端应接 C 与 L 的公共点,其接地端应分别触及 L 和 C 的近地端 N_2 和 N_1。

(3) 实验中,信号源的外壳应与毫伏表的外壳绝缘(不共地)。如能用浮地式交流毫伏表测量,则效果更佳。

六、预习思考题

(1) 根据实验线路板给出的元件参数值,估算电路的谐振频率。

(2) 改变电路的哪些参数可以使电路发生谐振,电路中 R 的数值是否影响谐振频率值?

(3) 如何判别电路是否发生谐振?测试谐振点的方案有哪些?

(4) 电路发生串联谐振时,为什么输入电压不能太大,如果信号源给出3 V的电压,电路谐振时,用交流毫伏表测 u_L 和 u_C,应该选择用多大的量程?

(5) 要提高RLC串联电路的品质因数,电路参数应如何改变?

(6) 本实验在谐振时,对应的 u_L 与 u_C 是否相等?如有差异,原因何在?

七、实验报告

(1) 根据测量数据,绘出不同 Q 值时的3条幅频特性曲线,即

$$u_o=f(f_0),\quad u_L=f(f_0),\quad u_C=f(f_0)$$

(2) 计算出通频带与 Q 值,说明不同 R 值时对电路通频带与品质因数的影响。

(3) 对两种不同的测 Q 值的方法进行比较,分析误差原因。

(4) 谐振时,比较输出电压 u_o 与输入电压 u_i 是否相等?试分析原因。

(5) 通过本次实验,总结、归纳串联谐振电路的特性。

实验十七　二端口网络参数的测定

一、实验目的

（1）学习测定无源线性二端口网络的参数。

（2）研究二端口网络及其等效电路在有载情况下的性能。

二、原理与说明

（1）对于无源线性二端口网络（图 17－1），可以用网络参数来表征它的特性。这些参数只决定二端口网络内部的元件和结构，而与输入（激励）无关。网络参数确定后，二个端口处的电压和电流关系即网络的特性方程就唯一地确定了。

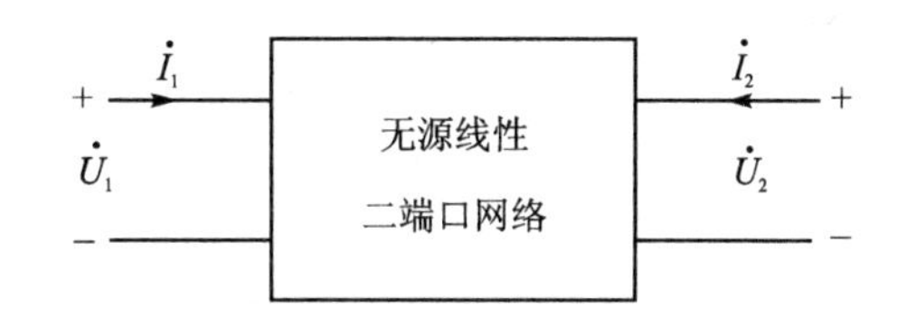

图 17－1

① 将二端口网络的输入端电流 $\dot{I}_1$ 和输出端电流 $\dot{I}_2$ 作自变量，电压 $\dot{U}_1$ 和 $\dot{U}_2$ 作因变量，则有特性方程：

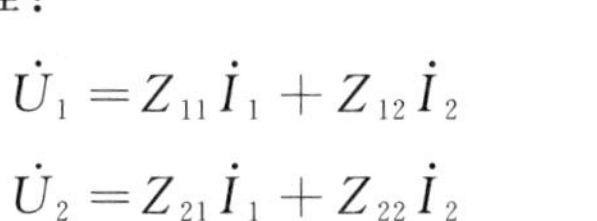

$$\dot{U}_1 = Z_{11}\dot{I}_1 + Z_{12}\dot{I}_2$$

$$\dot{U}_2 = Z_{21}\dot{I}_1 + Z_{22}\dot{I}_2$$

式中，Z_{11}、Z_{12}、Z_{21} 和 Z_{22} 称为二端口网络 Z 参数。它们具有阻抗的性质，分别表示为

$$Z_{11} = \frac{\dot{U}_1}{\dot{I}_1} \qquad (\dot{I}_2 = 0，即输出口开路时)$$

$$Z_{12} = \frac{\dot{U}_1}{\dot{I}_2} \qquad (\dot{I}_1 = 0，即输入端口开路时)$$

$$Z_{21} = \frac{\dot{U}_2}{\dot{I}_1} \qquad (\dot{I}_2 = 0，即输出口开路时)$$

$$Z_{22} = \frac{\dot{U}_2}{\dot{I}_2} \qquad (\dot{I}_1 = 0，即输入端口开路时)$$

从上述 Z 参数的表达式中可知，只要将二端口网络的输入端和输出端分别开路，测出其相应的电压和电流后，就可以确定二端口网络的 Z 参数。

当二端口网络为互易网络时，有 $Z_{12} = Z_{21}$，因此，四个参数中只有三个是独立的。

② 若将二端口网络的输出端电压 $\dot{U}_2$ 和电流 $-\dot{I}_2$ 作为自变量，输入端电压 $\dot{U}_1$ 和电流 $\dot{I}_1$ 作因变量，则有方程：

$$\dot{U}_1 = A_{11}\dot{U}_2 + A_{12}(-\dot{I}_2)$$

$$\dot{I}_1 = A_{21}\dot{U}_2 + A_{22}(-\dot{I}_2)$$

式中，A_{11}、A_{12}、A_{21} 和 A_{22} 称为传输参数，分别表示为

$$A_{11} = \frac{\dot{U}_1}{\dot{U}_2} \qquad (\dot{I}_2 = 0，即输出口开路时)$$

$$A_{12}=-\frac{\dot{U}_1}{\dot{I}_2} \quad (\dot{U}_2=0,\text{即输出口短路时})$$

$$A_{21}=\frac{\dot{I}_1}{\dot{U}_2} \quad (\dot{I}_2=0,\text{即输出口开路时})$$

$$A_{22}=-\frac{\dot{I}_1}{\dot{I}_2} \quad (\dot{U}_2=0,\text{即输出口短路时})$$

可见,A 参数同样可以用实验的方法求得。当二端口网络为互易网络时,有 $A_{11}A_{22}-A_{12}A_{21}=1$,因此四个参数中只有三个是独立的。在电力及电信传输中常用 A 参数方程来描述网络特性。

③ 若将二端口网络的输入端电流 $\dot{I}_1$ 和输出端电压 $\dot{U}_2$ 作为自变量,输入端电压 $\dot{U}_1$ 和输出端电流 $\dot{I}_2$ 作为因变量,则有方程:

$$\dot{U}_1=h_{11}\dot{I}_1+h_{12}\dot{U}_2, \quad \dot{I}_2=h_{21}\dot{I}_1+h_{22}\dot{U}_2$$

式中,h_{11}、h_{12}、h_{21} 和 h_{22} 称为混合参数,分别表示为

$$h_{11}=\frac{\dot{U}_1}{\dot{I}_1} \quad (\dot{U}_2=0,\text{即输出口短路时})$$

$$h_{12}=\frac{\dot{U}_1}{\dot{U}_2} \quad (\dot{I}_1=0,\text{即输入端口开路时})$$

$$h_{21}=\frac{\dot{I}_2}{\dot{I}_1} \quad (\dot{U}_2=0,\text{即输出口短路时})$$

$$h_{22}=\frac{\dot{I}_2}{\dot{U}_2} \quad (\dot{I}_1=0,\text{即输入端口开路时})$$

h 参数同样可以用实验的方法求得。当二端口网络为互易网络时,有 $h_{12}=-h_{21}$,因此,网络的四个参数中只有三个是独立的。h 参数常被用来分析晶体管放大电路的特性。

(2) 无源二端口网络的外部特性可以用三个阻抗(或导纳)元件组成T形或 π 形等效电路来代替,其T形等效电路如图17-2(a)所示。若已知网络A的 A 参数,则阻抗 Z_1、Z_2、Z_3 和导纳 Y_1、Y_2、Y_3 分别为

$$Z_1=\frac{A_{11}-1}{A_{21}}, \quad Z_2=\frac{1}{A_{21}}, \quad Z_3=\frac{A_{22}-1}{A_{21}}$$

$$Y_1=\frac{A_{12}}{A_{22}-1}, \quad Y_2=A_{12}, \quad Y_3=\frac{A_{12}}{A_{11}-1}$$

因此,求出二端口网络的 A 参数之后,网络的T形(或 π 形)等效电路的参数也就可以求得。

实验台提供的两二端口网络是同等级别的,其参数如下:

$Z_1=200\ \Omega$, $Z_2=100\ \Omega$, $Z_3=300\ \Omega$, $Y_1=1.1\ \mathrm{k\Omega}$, $Y_2=367\ \Omega$, $Y_3=550\ \Omega$

三、仪器设备

二端口网络参数测定所需设备如表17-1所列。

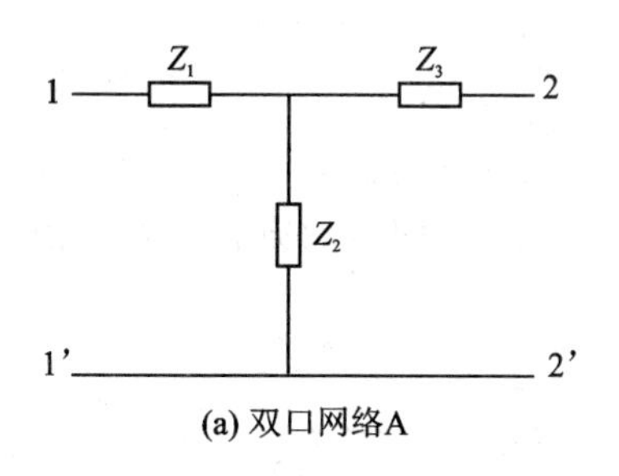

(a) 双口网络A

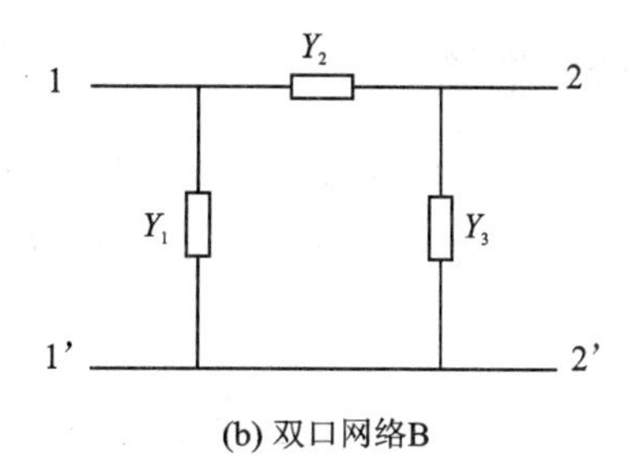

(b) 双口网络B

图 17－2

表 17－1

序　号	名　称	型号与规格	数　量	备　注
1	可调直流稳压电源	0～25 V	1	
2	数字直流电压表	0～500 V	1	
3	数字直流毫安表	0～200 mA	1	
4	双口网络实验电路板		1	

四、实验内容

(1) 按图 17－3 接好线路，$\dot{U}_1$ 接直流＋5 V 电源，测量并记录 2－2′开路及短路时各参数，记入表 17－2 中。

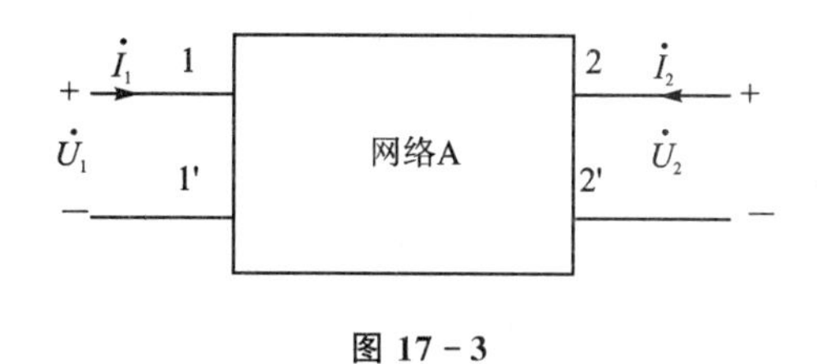

图 17－3

(2) 将电源移至 2－2′端，$\dot{U}_2$＝＋5 V，测量并记录 1－1′开路及短路时各参数，记入表 17－2 中。

(3) 将图 17－3 中的 A 网络换成 B 网络，$\dot{U}_1$＝＋5 V，测量并记录 2－2′开路及短路时各参数，记入表 17－3 中，并与步骤(1)进行比较。

(4) 将电源移至网络 B 的 2－2′端，$\dot{U}_2$＝＋5 V，测量并记录 1－1′开路及短路时各参数，记入表 17－3 中，并与步骤(2)进行比较。

表 17－2

参　数	U_1/V	I_1/mA	U_2/V	I_2/mA
$U_2=0$				
$I_2=0$				
$I_1=0$				
$U_1=0$				

表 17－3

参　数	U_1/V	I_1/mA	U_2/V	I_2/mA
$U_2=0$				
$I_2=0$				
$I_1=0$				
$U_1=0$				

五、思考题

(1) 二端口网络的参数为什么与外加电压或流过网络的电流无关?

(2) 对于图17-4所示的电路,说明如何建立其二端口网络的方程以及如何用实验方法测出A参数。

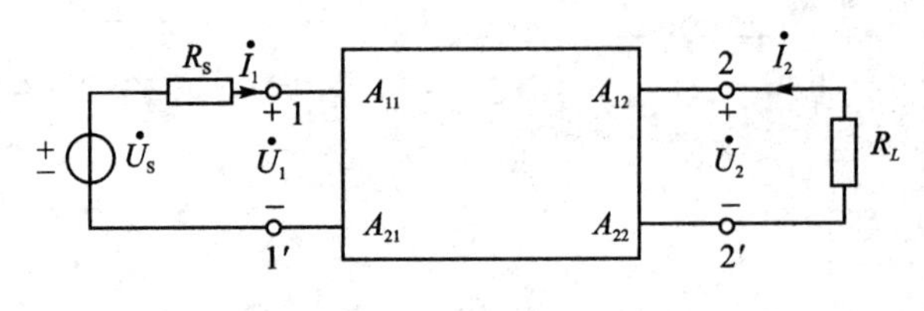

图17-4

六、实验报告要求

(1) 用实验内容之(1)、(2)步骤测得的数据计算A参数、Z参数以及h参数,并与实验内容之(3)、(4)步骤测得的A、Z、h参数相比较。

(2) 验证二端口网络T形电路与二端口网络π形电路的等效性。

(3) 从测得的A参数和Z参数判别本实验所研究的网络是否是互易网络和对称网络?

(4) 回答思考题。

实验十八　负阻抗变换器及其应用

一、实验目的

(1) 了解负阻抗变换器的组成原理。

(2) 学习测试负阻抗变换器的特性。

(3) 进一步研究二阶 RLC 电路的动态响应，扩展负阻抗变换器的应用。

二、原理说明

(1) 用运算放大器组成电流倒置型负阻抗变换器的原理。

图 18-1(a)虚线框内所示的电路是一个用运算放大器组成的电流倒置型负阻抗变换器；图 18-1(b)是图 18-1(a)的等效电路；图 18-1(c)是图 18-1(a)的电路符号。

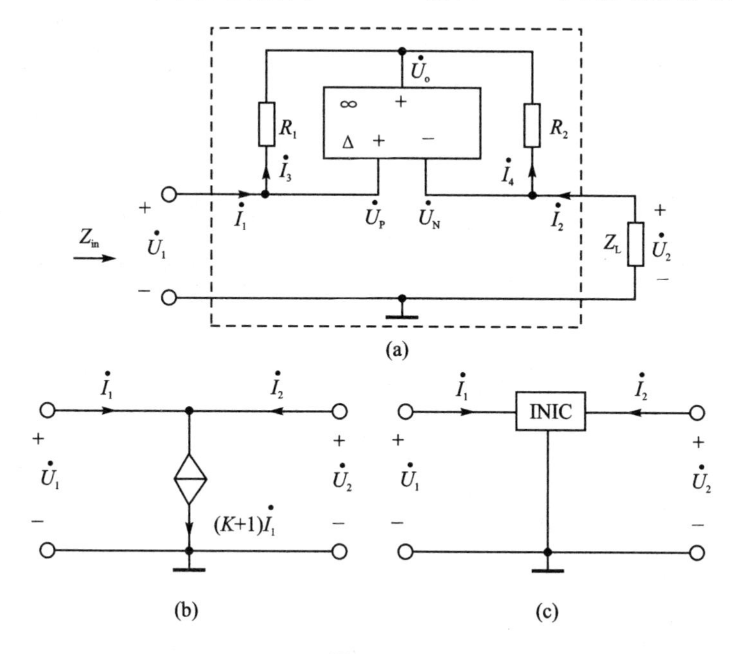

图 18-1

由于运放的“+”端和“−”端之间为虚短路，且运放的输入阻抗为无穷大，故有

$$\dot{U}_P = \dot{U}_N$$

即

$$\dot{U}_1 = \dot{U}_2$$

而运放的输出电压 $\dot{U}_O$ 为

$$\dot{U}_O = \dot{U}_1 - \dot{I}_3 R = \dot{U}_2 - \dot{I}_4 R$$

得

$$\dot{I}_3 = \dot{I}_4$$

又因

$$\dot{I}_1 = \dot{I}_3,\quad \dot{I}_2 = \dot{I}_4$$

得

$$\dot{I}_1 = \dot{I}_2$$

根据图示的$\dot{U}_2$与$\dot{I}_2$的参考方向可知：

$$\dot{I}_2=\frac{-\dot{U}_2}{Z_L}$$

因此电路的输入阻抗为

$$Z_i=\frac{\dot{U}_1}{\dot{I}_1}=\frac{\dot{U}_2}{\dot{I}_2}=-Z_L$$

负阻抗变换器的电压电流及阻抗关系如下：

$$\dot{U}_2=\dot{U}_1 \qquad \dot{I}_2=K\dot{I}_1 \qquad Z_i=-KZ_L$$

可见，这个电路的输入阻抗为负载阻抗的负值。也就是说，当负载端接入任意一个无源阻抗时，在激励端就得到一个负的阻抗元件，简称负阻元件。

令$R_1=R_2=R$，则$K=1$，$Z_i=-Z_L$。

① 若Z_L为纯电阻R，则$Z_i=-R$，则$-R$称负电阻，如图18-2(a)所示。

纯负电阻的伏-安特性是一条通过坐标原点且处于2、4象限的直线，如图18-2(b)所示；当输入电压u_1为正弦信号时，输入电流i与电压u_1相位相反，如图18-2(c)所示。

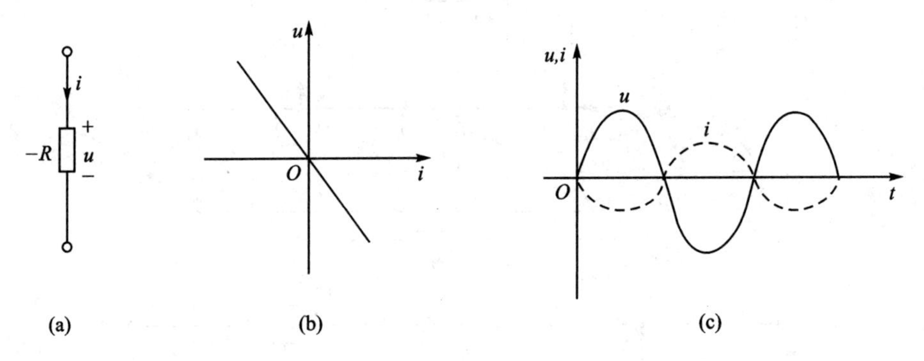

图18-2

② 若Z_L为纯电容，即$Z_L=1/j\omega C$

则 $$Z_i=-Z_L=-1/j\omega C=j\omega L \quad [这里 L=1/(\omega^2 C)]$$

③ 若Z_L为纯电感，即$Z_L=j\omega L$

则 $$Z_i=-Z_L=-j\omega L=1/j\omega C \quad [这里 C=1/(\omega^2 L)]$$

(2) 负阻抗变换器元件($-Z$)与普通的无源RLC元件Z'作串、并联时，其等值阻抗的计算方法与无源元件的串、并联计算公式相同，即

$$Z_{串}=-Z+Z' \qquad Z_{并}=-Z Z'/(-Z+Z')$$

(3) 应用负阻抗变换器，可以构成一个具有负内阻的电压源，其电路如图18-3(a)所示。

$\dot{U}_2$端为等效负内阻电压源的输出端。由于运放的“+”“−”端之间为虚短路，即

$$\dot{U}_1=\dot{U}_2$$

由图示的$\dot{I}_1$和$\dot{I}_2$的参考方向及电路参数，可知

$$\dot{I}_2=-\dot{I}_1$$

故输出电压

$$\dot{U}_2=\dot{U}_1=\dot{U}_S-\dot{I}_1R_1=\dot{U}_S+\dot{I}_2R_1$$

可见，该电压源的内阻 R_S 等于$(-R_1)$，它的输出端电压随输出电流的增加而增加。具有负电阻电压源的等效电路和伏-安特性曲线如图 18-3(b)、(c)所示。

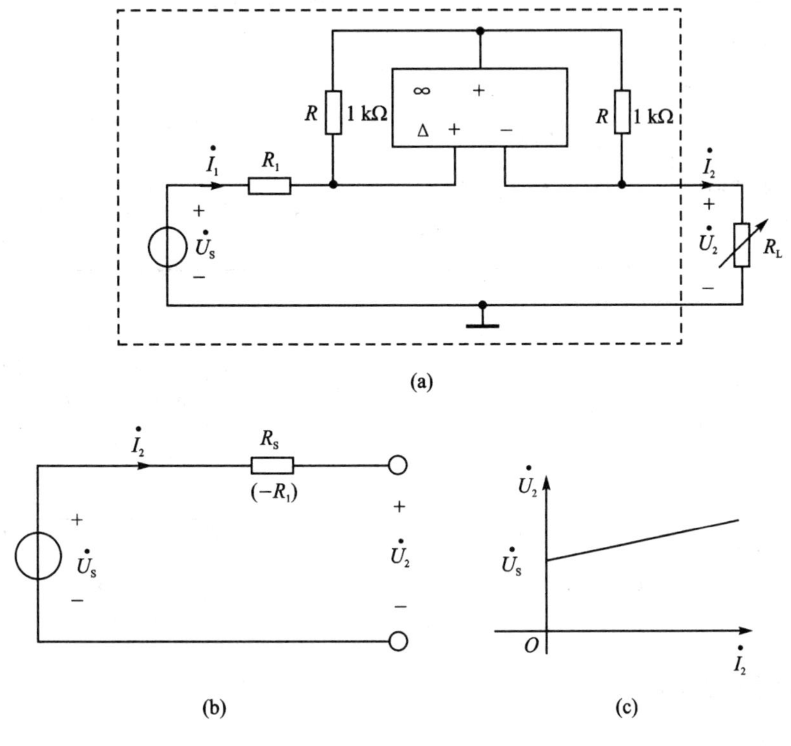

图 18-3

(4) 负阻抗变换器能够起到逆变阻抗的作用，即可实现容性阻抗和感性阻抗的互换。由 RC 元件来模拟电感器的电路如图 18-4 所示，电路输入端的等效阻抗 Z_i 可视为电阻元件 R 与负阻元件$-(R+1/j\omega C)$相并联的结果，即

$$Z_i=\frac{-(R+1/j\omega C)R}{-(R+1/j\omega C)+R}=-\frac{R_2-R/j\omega C}{1/j\omega C}=R+j\omega R^2C$$

对输入端而言，电路等效为一个线性有损耗电感器，等值电感 $L=R^2C$。同样，若将图中的电容器 C 换成电感器 L，电路就等效为一个线性有损耗电容器，等值电容 $C=L/R^2$。

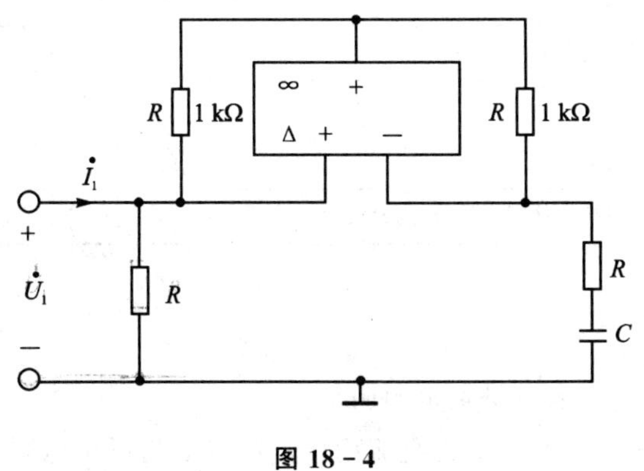

图 18-4

(5) 研究二阶动态电路(RLC 串联电路)的方波激励时,响应类型只能观察到过阻尼、临界阻尼和欠阻尼三种形式。若采用如图 18－5(a)所示的具有负内阻的方波电源作为激励源,由于电源负内阻($-R_S$)可以和电感器的电阻 r_L 相抵消(等效电路如图 18－5(b)所示),则响应类型可出现 RLC 串联总电阻为零的无阻尼等幅振荡和总电阻小于零的负阻尼发散型振荡情况,如图 18－5(c)、(d)所示。

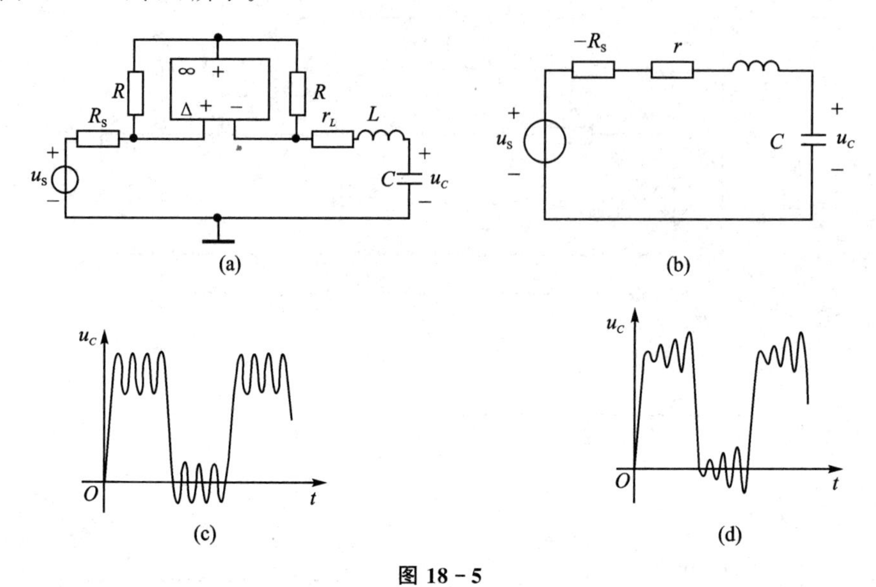

图 18－5

三、实验设备

测量负阻抗变换器所需设备如表 18－1 所列。

表 18－1

序　号	名　称	型号与规格	数　量	备　注
1	可调直流稳压电源	0～25 V	1	
2	函数信号发生器	DDH－2	1	
3	直流数字电压表	0～500 V	1	
4	直流数字毫安表	0～2 000 mA	1	
5	示波器	泰克 TBS 1052B	1	
6	交流电压表	0～500 V	1	
7	元 件 箱		1	
8	可调电阻箱	0～99 999.9 Ω	1	
9	负阻抗变换器实验线路板		1	

四、实验内容

(1) 用直流电压表、毫安表测量负电阻阻值。

① 实验线路如图 18－6 所示,U 为直流稳压电源,R_L 为可调电阻箱。

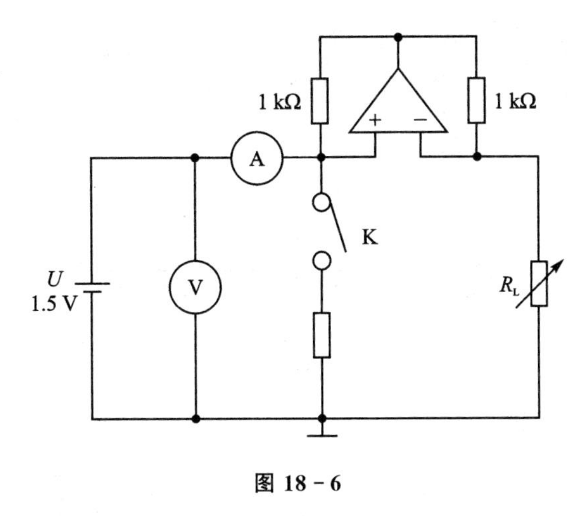

图 18－6

② 先断开开关 K(不接 R)，将 U 调至 1.5 V。改变可调电阻 R_L 的阻值，测出相应的 U、I 值，计算负电阻值，将数据记入表 18－2 中。

表 18－2

R_L/Ω		200	300	400	500	600	700	800	900
U/V									
I/mA									
等效电阻/Ω	理论值								
	测量值								

③ 取 R_L＝200 Ω，再接上 R，并改变 R 阻值，测出相应的 U、I 值，计算负电阻阻值，并将数据记入表 18－3 中。

表 18－3

R/Ω		∞	5 000	1 000	700	500	300	200	150	130	120
U/V											
I/mA											
等效电阻/Ω	理论值										
	测量值										

(2) 用示波器观察正弦激励下负电阻元件上的 u_1、i_1 波形。

参照图 18－7，u_1 接正弦激励源的输出，调定 u_1 有效值为 1 V，频率为 1 kHz；取 R_1＝1 kΩ，R_L＝5 kΩ。用示波器观察 u_1、i_1 波形间的相位关系，并用坐标形式描绘之。

(3) 验证 RC 模拟电感器和 RL 模拟有损耗电容器的特性。

参照图 18－8，u_1 接正弦激励源，取 U_1 有效值为 1 V。改变电源频率和 C、L 的数值，重

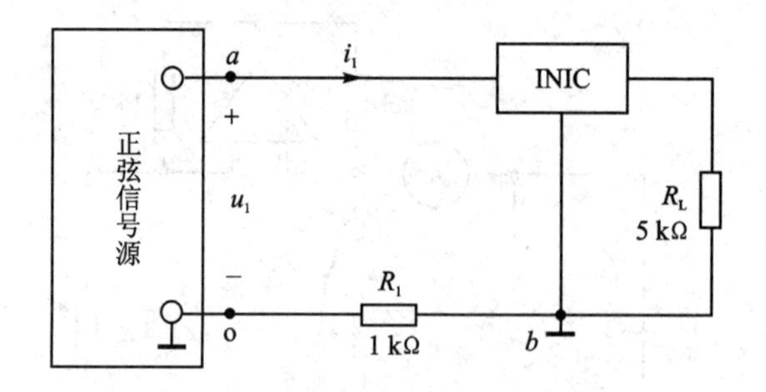

图 18-7

复观察输入端 u_1、i_1 间的相位关系,并用坐标形式描绘之。

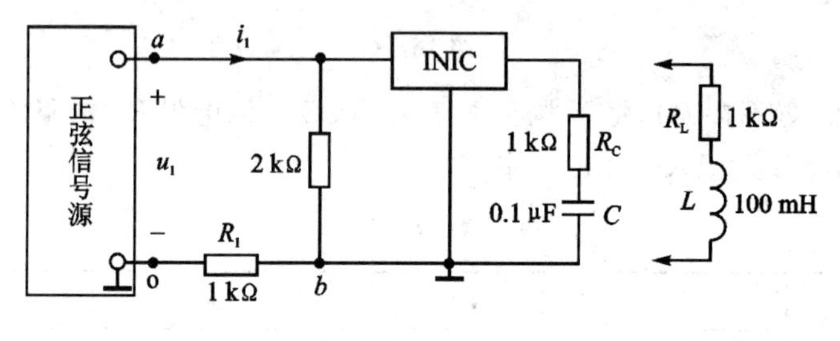

图 18-8

(4) 用伏-安法测定具有负电阻电压源的伏-安特性。

参照图 18-3,电源 $\dot{U}_S$ 接直流稳压电源的输出,电压调至 1.5 V,R_1=100 Ω,负载 R_L 从 8 kΩ 减至 400 Ω,将数据记入表 18-4,并作伏-安特性曲线。

表 18-4

R_L/Ω	8 000	6 000	3 000	2 000	1 000	800	600	400
$\dot{U}_2$/V								
$\dot{I}_2$/mA								

(5) 研究、观察 RLC 串联电路的方波激励。

参照图 18-5(a)。u_S 接方波激励源,取 u_S<5 V、f=1 kHz;R_S 取值 0~25 kΩ、r_L 取值 5 kΩ 左右。增加 R_S 即相当于减小了 RLC 串联回路中的总电阻值,R_S 可在几百欧范围调节。实验时,先取 $r_L>R_S$,然后逐步减小 r_L(或增加 R_S),用示波器观察电容器两端电压 u_C 的波形,使响应分别出现过阻尼、临界阻尼、欠阻尼、无阻尼和负阻尼等 5 种情况,并测出各种情况的衰减常数 α 和振荡频率 ω_d。

五、实验注意事项

(1) 在做实验内容的(5)时,注意方波激励源峰值的电压不要超过 5 V。此外,在改变回路的总电阻值应从大到小,在接近无阻尼和负阻尼情况时,要仔细调节 R_S 或 r_L,以便观察到无阻尼和负阻尼时的响应轨迹。

(2) 在做实验过程中,示波器和交流毫伏表的电源线使用两脚插头。

六、预习思考题

(1) 预习实验原理说明的各项内容,列好所需的记录数据表格。

(2) 电路中负阻器件是发出功率还是吸收功率。

(3) 在研究 RLC 串联电路的响应时,在阻尼情况下,如何确认激励源仍具有负的内阻值。

七、实验报告

(1) 整理实验数据,画出必要的曲线。

(2) 描绘二阶电路在 5 种情况下 u_C 的波形。

(3) 对实验结果,作出详细的解释。

实验十九　回转器

一、实验目的

(1) 研究回转器的特性,学习回转器的测试方法。

(2) 了解回转器的某些应用。

(3) 加深对并联谐振电路的理解。

二、原理说明

(1) 理想回转器(见图19-1)是一个二端口网络,其特性表现为它的一个端口上的电流(或电压)能够“回转”为另一个端口上的电压(或电流),即

$$i_1 = gu_2 \qquad u_1 = -\frac{1}{g}i_2$$

式中,回转系数 g 具有电导的量纲,称为回转电导。它的电路模型可以用两个电压控制型电流源或两个电流控制型电压源构成,如图19-2(a)、(b)所示。

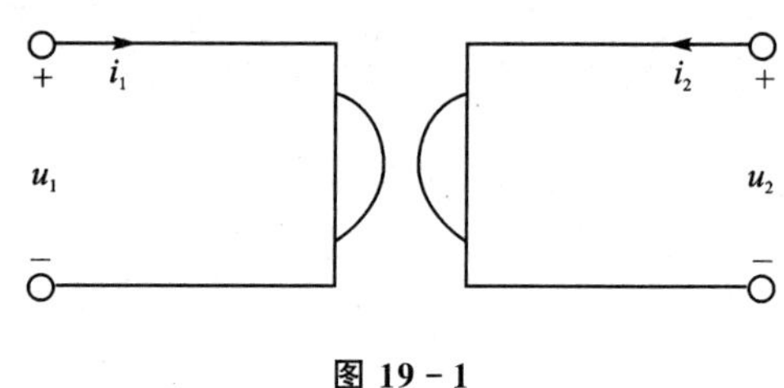

图 19-1

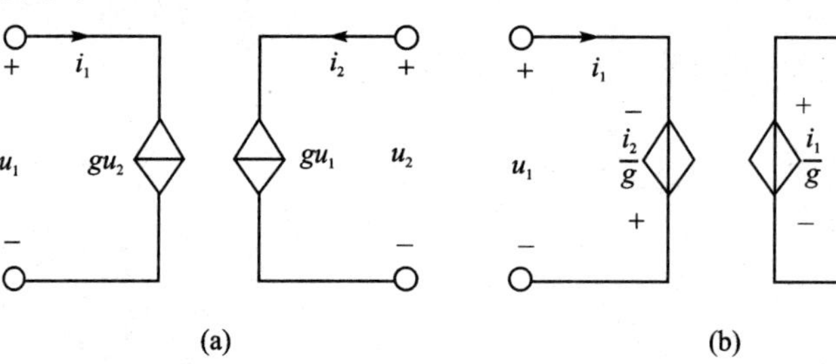

图 19-2

理想回转器是一个无源元件。在实际回转器中,由于不完全对称,其电流、电压关系为

$$i_1 = gu_2$$
$$i_2 = -g_2 u_1$$

回转电导 g_1 和 g_2 比较接近而不相等。它们可以通过测量实际回转器的端口电压和电流后计算得出。不难证明,实际回转器是一种有源元件。

(2) 在回转器的 u_2 端接入负载电阻 R_L 时(图19-3),u_1 端的输入电阻为

$$R_i = \frac{u_2}{i_1} = \frac{-\frac{i_2}{g}}{gu_2} = \frac{1}{g^2}\left(-\frac{i_2}{u_2}\right) = \frac{1}{g^2 R_L}$$

在正弦情况下,当负载是一个电容元件时,输入阻抗为

$$Z_i = \frac{1}{g^2 Z_L} = \frac{1}{g^2 \frac{1}{j\omega C}} = \frac{j\omega C}{g^2} = j\omega L$$

可见输入端为一个电感元件，等效电感 $L=C/g^2$。所以，回转器也是一个阻抗逆转器，它可以使容性负载和感性负载互为逆变。用电容元件来模拟电感器是回转器的重要应用之一，特别是模拟大电感量和低损耗的电感量。

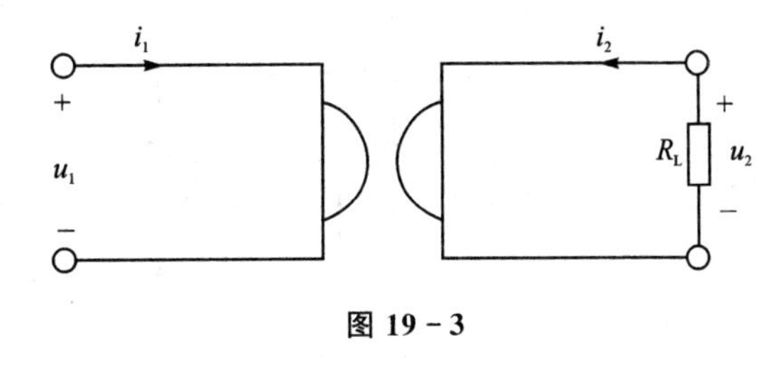

图 19-3

模拟电感器的电感量还可以直接用交流电桥测出，其方法与测量无源元件的方法相同。

(3) 用模拟电感器可以组成一个 RLC 并联谐振电路，如图 19-4 所示。

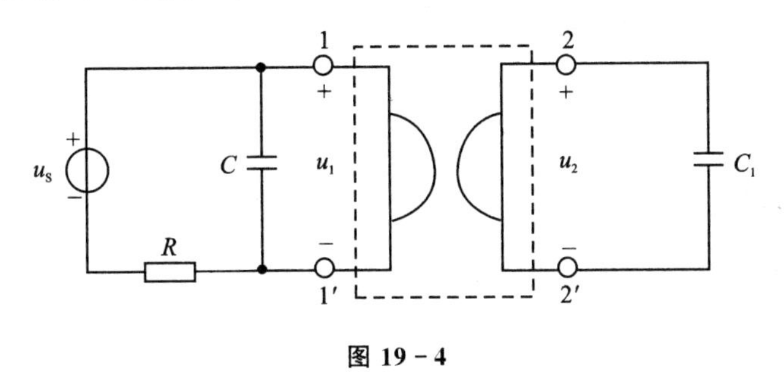

图 19-4

并联电路的幅频特性为

$$A(\omega)=\frac{1}{\sqrt{G^2+\left(\omega C-\frac{1}{\omega L}\right)^2}}=\frac{1}{G\sqrt{1+Q^2\left(\frac{\omega}{\omega_0}-\frac{\omega_0}{\omega}\right)^2}}$$

当电源角频率 $\omega=\omega_0=\frac{1}{\sqrt{LC}}$ 时，电路发生并联谐振，电路导纳为纯电导 G，支路端电压与激励电流同相位，品质因数为

$$Q=\frac{I_C}{I}=\frac{I_L}{I}=\frac{\omega_0 C}{G}=\frac{1}{\omega_0 LG}$$

在 L 和 C 为定值的情况下，Q 值仅由电导 G 的大小决定。若保持图 19-4 中电压源 u_S 值不变，则谐振时激励电流最小；若用电流源激励则时，电源两端电压最大。

(4) 回转器可以由晶体元件或运算放大器等有源器件构成。图 19-5 所示电路是一种用两个负阻抗变换器来实现的回转器电路。根据负阻抗变换器的特性，A、B 端的输入电阻 R'_i 是 R_L 与 $-R$ 的并联值，即

$$R'_i=R\ /\!/\ (-R)=\frac{-R_L R}{R_L-R}$$

激励(u_1)端的输入电阻为

$$R_i=R\ /\!/\ (-(R+R'_i))=\frac{-R(R+R'_i)}{R-(R+R'_i)}=\frac{R^2}{R_L}$$

即

$$R_i=\frac{1}{g^2 R_L}$$

因此，回转电导 $g=\frac{1}{R}$，可用运算放大器的元件特性直接列写和求解出电路方程，也可得出相

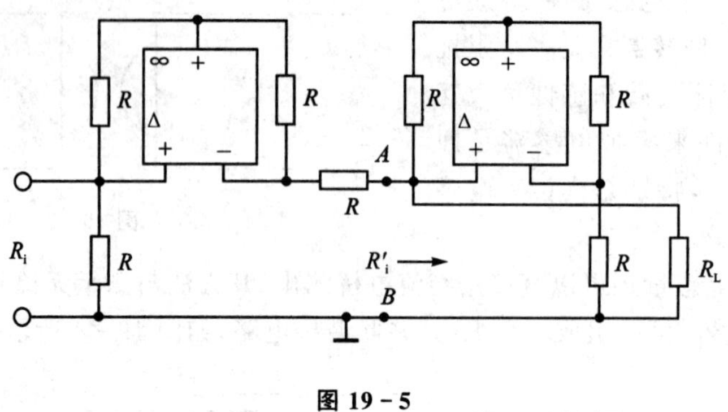

图 19-5

同的结果。

三、实验设备

测试回转器参数所需仪器如表 19-1 所列。

表 19-1

序 号	名 称	型号与规格	数 量	备 注
1	低频信号发生器	DDH-2	1	
2	交流电压表	0～500 V	1	
3	示波器	泰克 TBS 1052B	1	
4	可变电阻箱	0～99 999.9 Ω	1	
5	电容器	0.1 μF,1 μF	1	
6	电阻器	1 kΩ	1	
7	回转器实验电路板		1	

四、实验内容

1. 测量回转器的回转电导

(1) 图 19-6 的 2-2′端接纯电阻负载(电阻箱),信号源正弦激励,频率固定在 1 kHz,信号源电压 $u_S=3$ V,$R=1$ kΩ。

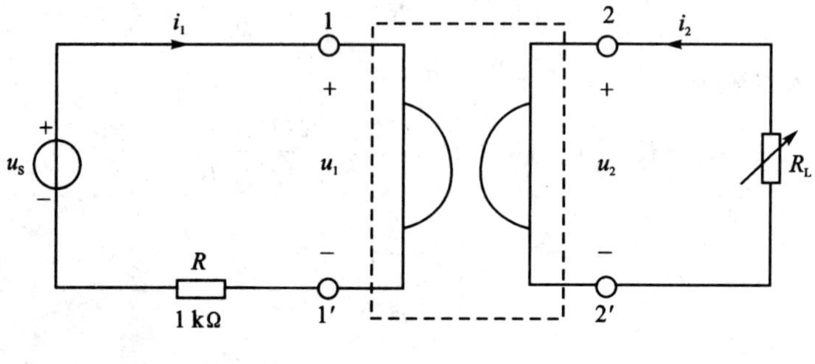

图 19-6

(2) 用交流毫伏表分别测量不同负载 R_L 下的 u_1、u_2 和 u_R 值，计算出 i_1、i_2 和回转常数 g_0($g_0\times10^{-3}$ s)，将数据记入表 19－2 中。

表 19－2

R_L/kΩ	测量值			计算值				
	u_1/V	u_2/V	u_R/V	i_1/mA	i_2/mA	$g_0'\left(=\frac{i_1}{u_2}\right)/\mathrm{s}$	$g_0''\left(=\frac{i_2}{u_1}\right)/\mathrm{s}$	$g_0\left(=\frac{g_0'+g_0''}{2}\right)/\mathrm{s}$
0.3								
0.5								
0.8								
1.0								
1.5								
2.0								

2. 模拟电感测试

(1) 将图 19－6 中 2－2′端的电阻 R_L 换接成电容，$C=0.1\ \mu$F，信号源正弦激励，频率固定在 1 kHz，信号源电压 $u_S=3$ V，$R=1$ kΩ。

(2) 用交流毫伏表测量不同频率时的 u_1 和 u_R 值，计算出 i_1、i_2 和等效电感 L，将数据记入表 19－3 中，用示波器观察 u_1、i_1 的相位关系，并描绘出波形。

表 19－3

f/Hz	测量值		计算值			
	u_1/V	u_R/V	i_1/mA	$L'\left(=\frac{u_1}{\omega i_1}\right)/\mathrm{H}$	$L\left(=\frac{C}{g_0^2}\right)/\mathrm{H}$	$\Delta L=L'-L$
200						
500						
1 000						
1 500						
2 000						

(3) 用模拟电感器组成 RLC 并联谐振电路，实验电路如图 19－7 所示。

信号源正弦激励，信号源电压 $u_S=3$ V，并保持不变。$C=1\ \mu$F，$C_1=0.1\ \mu$F，R 取 1 kΩ 和 3 kΩ。从低到高改变电源频率 f(在谐振频率 f_0 附近，频率变化量要小一些)，用交流电压表测 u_1 并找到峰值，改变 R 的阻值(改变回路的 Q 值)再重复测量一次，将实验数据记入表 19－4 中。

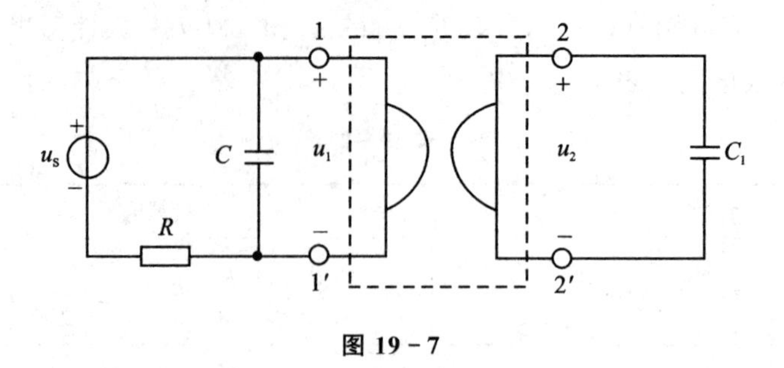

图 19－7

表 19－4

f/Hz					f_0				
u_1 ($R=1$ kΩ)									
u_1 ($R=3$ kΩ)									

五、实验报告

(1) 根据实验数据计算出本装置回转器的回转电导及等效电感,并与理论值作比较。

(2) 描绘用示波器观察到的模拟电感器的 u_1 及 i_1 的波形。

(3) 在同一坐标平面上描绘出两条不同 Q 值时并联谐振电路 u_C 的幅频特性曲线。

六、注意事项

(1) 为了避免运算放大器失真(饱和),必须减小输入信号电压的幅度。所以在实验过程中,可应用示波器监视回转器输入端口的电压波形。

(2) 示波器和交流毫伏表的电源线应使用两脚插头。

(3) 计算回转常数时,可用理论公式 i_1/u_2 或 i_2/u_1,但因实际的运放并非理想,不可能完全平衡(输入为0,输出不为0)。所以用上述两式计算结果不完全相等,一般取平均值。

实验二十　互感电路测量

一、实验目的

(1) 学会互感电路同名端、互感系数以及耦合系数的测定方法。

(2) 理解两个线圈相对位置的改变，以及用不同材料作线圈芯时对互感的影响。

二、原理说明

1. 判断互感线圈同名端的方法

(1) 直流法：如图 20－1 所示，当开关 K 闭合瞬间，若毫安表的指针正偏，则可断定"1""3"为同名端；指针反偏，则"1""4"为异名端。

(2) 交流法：如图 20－2 所示，将两个绕组 N_1 和 N_2 的任意两端(如 2、4 端)连在一起，在其中的一个绕组(如 N_1)两端加一个低电压，另一绕组(如 N_2)开路。用交流电压表分别测出端电压 U_{13}、U_{12} 和 U_{34}。若 U_{13} 是两个绕组端压之差，则 1、3 是同名端；若 U_{13} 是两绕组端电压之和，则 1、4 是异名端。

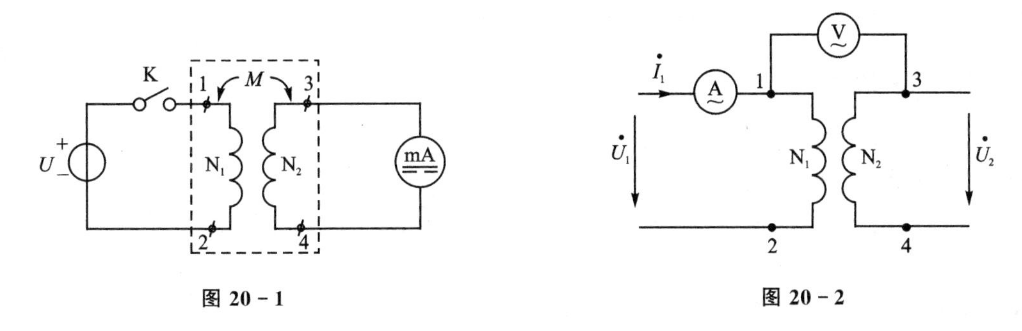

图 20－1　　　　图 20－2

2. 两线圈互感系数 M 的测定

在图 20－2 的 N_1 侧施加低压交流电压 U_1，测出 I_1 及 U_2。根据互感电势 $E_{2M} \approx U_2 = \omega M I_1$，可算得互感系数为：$M = \dfrac{U_2}{\omega I_1}$。

3. 耦合系数 k 的测定

两个互感线圈耦合松紧的程度可用耦合系数 k 来表示，即

$$k = M / \sqrt{L_1 L_2}$$

如图 20－2 所示，先在 N_1 侧加低压交流电压 U_1，测出 N_2 侧开路时的电流 I_1；然后再在 N_2 侧加电压 U_2，测出 N_1 侧开路时的电流 I_2，求出各自的自感 L_1 和 L_2，即可算得 k 值。

三、实验设备

测试互感电路各参数所需设备如表 20－1 所列。

表 20-1

序　号	名　称	型号与规格	数　量	备　注
1	数字直流电压表	0～500 V	1	
2	数字直流电流表	0～200 mA	2	
3	交流电压表	0～500 V	1	
4	交流电流表	0～5 A	1	
5	空心互感线圈	N_1 为大线圈 N_2 为小线圈	1对	
6	自耦调压器	0～250 V	1	
7	直流稳压电源	0～25 V	1	
8	电阻器	30 Ω/8 W 500 Ω/2 W	各1	
9	发光二极管	红或绿	1	
10	粗、细铁棒、铝棒		各1	
11	变压器	36 V/220 V	1	

四、实验内容

(1) 分别用直流法和交流法测定互感线圈的同名端。

① 直流法：实验线路如图 20-3 所示。先将 N_1 和 N_2 两线圈的四个接线端子编以 1、2 和 3、4 序号。将 N_1、N_2 同心地套在一起，并放入细铁棒。U 为可调直流稳压电源，调至 10 V。流过 N_1 侧的电流不可超过 0.4 A(选用 5 A 量程的数字电流表)。N_2 侧直接接入 2 mA 量程的毫安表。将铁棒迅速地拔出和插入，观察毫安表读数正、负的变化，来判定 N_1 和 N_2 两个线圈的同名端。

② 交流法：本方法中，由于加在 N_1 上的电压仅 2 V 左右，直接用屏内调压器很难调节，因此采用图 20-4 的线路来扩展调压器的调节范围。图中 W、N 为主屏上的自耦调压器的输出端，B 为升压铁芯变压器，此处作降压用。将 N_2 放入 N_1 中，并在两线圈中插入铁棒。A 为 2.5 A 以上量程的交流电流表，N_2 侧开路。

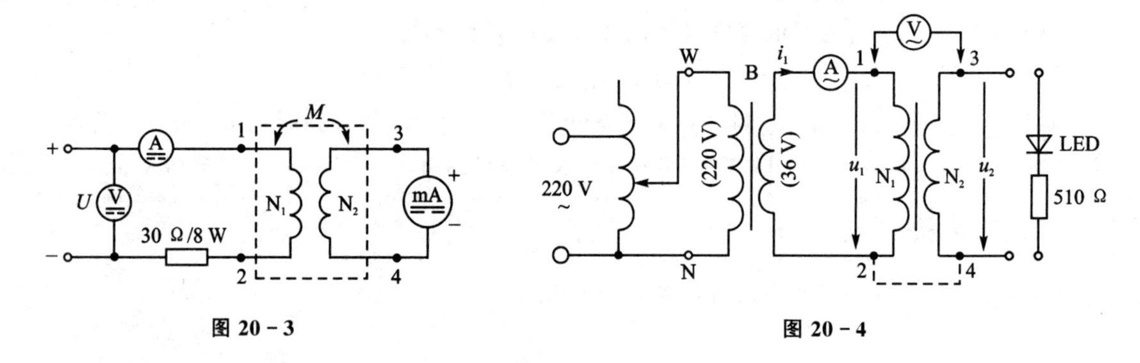

图 20-3　　图 20-4

接通电源前，应首先检查自耦调压器是否调至零位，确认后方可接通交流电源，令自耦调压器输出一个很低的电压(约 12 V 左右),使流过电流表的电流小于 1.4 A,然后用 0～30 V 量程的交流电压表测量 u_{13}、u_{12} 和 u_{34},然后判定同名端。

拆去 2、4 连线,并将 2、3 相接,重复上述步骤,判定同名端。

(2) 拆除 2、3 连线,测 u_1、i_1 和 u_2,计算出 M。

(3) 将低压交流加在 N_2 侧,使流过 N_2 侧电流小于 1 A,N_1 侧开路,按步骤(2)测出 u_2、i_2 和 u_1。

(4) 用万用表的 R×1 挡分别测出 N_1 和 N_2 线圈的电阻值 R_1 和 R_2,计算 K 值。

(5) 观察互感现象:　　在图 20-4 中的 N_2 侧接入 LED 发光二极管与 500 Ω(电阻箱)串联的支路。

① 将铁棒慢慢地从两线圈中抽出和插入,观察 LED 亮度的变化及各电表读数的变化,记录现象。

② 将两线圈改为并排放置,并改变其间距,以及分别或同时插入铁棒,观察 LED 亮度的变化及仪表读数。

③ 改用铝棒替代铁棒,重复①、②的步骤,观察 LED 的亮度变化,记录现象。

五、实验注意事项

(1) 整个实验过程中,注意流过线圈 N_1 的电流不得超过 1.4 A,流过线圈 N_2 的电流不得超过 1 A。

(2) 测定同名端及其他测量数据的实验中,都应将小线圈 N_2 套在大线圈 N_1 中,并插入铁芯。

(3) 作交流试验前,首先要检查自耦调压器,要保证手柄置在零位。因实验时加在 N_1 上的电压只有 2～3 V 左右,因此调节时要特别仔细、小心,要随时观察电流表的读数,不得超过规定值。

六、预习思考题

(1) 用直流法判断同名端时,可否根据开关 K 断开瞬间毫安表指针的正、反偏来判断同名端?

(2) 本实验用直流法判断同名端是用插、拔铁芯时观察电流表的正、负读数变化来确定的(应如何确定),这与实验原理中所叙述的方法是否一致?

七、实验报告

(1) 总结对互感线圈同名端、互感系数的实验测试方法。

(2) 自拟测试数据表格,完成计算任务。

(3) 解释实验中观察到的互感现象。

实验二十一　单相铁芯变压器特性的测试

一、实验目的

(1) 通过测量,计算变压器的各项参数。

(2) 学会测绘变压器的空载特性与外特性。

二、原理说明

(1) 图 21-1 为测试变压器参数的电路。该电路由调压器和 N_1、N_2 变压器等组成。以交流 220 V 供电。由交流仪表 V_1、A_1 和 W 读得变压器原边(AX,低压绕组)的 u_1、i_1、p_1 值,还用交流仪表 A_2 和 V_2 读得副边(ax,高压绕组)的 u_2、i_2 值,并用万用表 R×1 挡测出原、副边绕组的电阻 R_1 和 R_2,即可算得变压器的以下各项参数值:

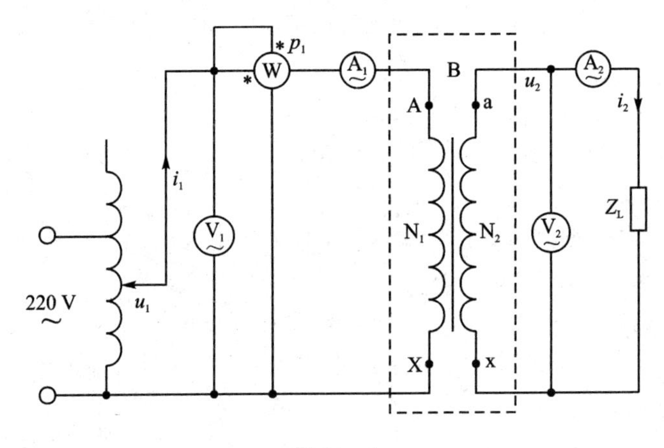

图 21-1

电压比 $K_u=\frac{u_1}{u_2}$，　　电流比 $K_I=\frac{i_2}{i_1}$

原边阻抗 $Z_1=\frac{u_1}{i_1}$，　　副边阻抗 $Z_2=\frac{u_2}{i_2}$

阻抗比 $K_Z=\frac{Z_1}{Z_2}$，　　负载功率 $p_2=U_2I_2\cos\varphi_2$

损耗功率 $p_o=p_1-p_2$，

功率因数 $\lambda=\frac{p_1}{u_1i_1}$，　　原边线圈铜耗 $p_{cu1}=i_1^2R_1$

副边铜耗 $p_{cu2}=i_2^2R_2$，　铁耗 $p_{Fe}=p_o-(p_{cu1}+p_{cu2})$

(2) 铁芯变压器是一个非线性元件,铁芯中的磁感应强度 B 决定于外加电压的有效值 U。当副边开路(空载)时,原边的励磁电流 i_{10} 与磁场强度 H 成正比。在变压器中,副边空载时,原边电压与电流的关系称为变压器的空载特性,这与铁芯的磁化曲线($B-H$ 曲线)是一致的。

空载实验通常是将高压侧开路,由低压侧通电进行测量。又因空载时功率因数很低,故测量功率时应采用低功率因数瓦特表。此外因变压器空载时阻抗很大,故电压表应接在电流表外侧。

(3) 变压器外特性测试：为了满足三组照明灯负载额定电压为 220 V 的要求，故以变压器的低压(36 V)绕组作为原边，220 V 的高压绕组作为副边，即当作一台升压变压器使用。

在保持原边电压 U_1(=36 V)不变时，逐次增加照明灯负载(每只灯为 15 W)，测定 U_1、U_2、I_1 和 I_2，即可绘出变压器的外特性，即负载特性曲线 $U_2=f(I_2)$。

三、实验设备

单相铁芯变压器特性测试所需设备如表 21-1 所列。

表 21-1

序　号	名　称	型号与规格	数　量	备　注
1	交流电压表	0～500 V	2	
2	交流电流表	0～5 A	2	
3	单相功率表		1	
4	试验变压器	220 V/36 V　50 V·A	1	
5	自耦调压器	0～250 V	1	
6	照明灯	220 V,15 W	5	

四、实验内容

(1) 用交流法判别变压器绕组的同名端(参照实验二十)。

(2) 按图 21-1 线路接线：图中 AX 为变压器的低压绕组，ax 为变压器的高压绕组。即电源经屏内调压器接至低压绕组，高压绕组 220 V 接 Z_L 即 15 W 的灯组负载(3 只灯泡并联)，经指导教师检查后方可进行实验。

(3) 将调压器手柄置于输出电压为零的位置(逆时针旋到底)，合上电源开关，并调节调压器，使其输出电压为 36 V。令负载开路及逐次增加负载(最多亮 5 个指示灯)，分别记下 5 个仪表的读数，记入自拟的数据表格，绘制变压器外特性曲线。实验完毕将调压器调回零位，断开电源。

当负载为 4 个及 5 个指示灯时，变压器已处于超载运行状态，很容易烧坏。因此，测试和记录应尽量快，最长不应超过 3 min。实验时，可先将 5 只灯泡并联安装好，断开控制每个灯泡的相应开关，通电且电压调至规定值后，再逐一打开各个灯的开关，并记录仪表读数。待 5 个灯的数据记录完毕后，立即用相应的开关断开各灯。

(4) 将高压侧(副边)开路，确认调压器处在零位后，合上电源，调节调压器输出电压，使 u_1 从零逐次上升到 1.2 倍的额定电压(1.2×36 V)，分别记下各次测得的 u_1、u_{20} 和 i_{10} 数据，记入自拟的数据表格，用 u_1 和 i_{10} 绘制变压器的空载特性曲线。

五、实验注意事项

(1) 本实验是将变压器作为升压变压器使用，并用调节调压器方法来提供原边电压 u_1。使用调压器时将调压器手柄应首先调至零位，然后才可合上电源。此外，必须用电压表监视调压器的输出电压,防止被测变压器输出过高而损坏实验设备,且要注意安全,以防高压触电。

(2) 由负载实验转到空载实验时,要注意及时变更仪表量程。

(3) 遇异常情况,应立即断开电源,待处理好故障后,再继续实验。

六、预习思考题

(1) 为什么本实验将低压绕组作为原边进行通电实验?此时,在实验过程中应注意什么问题?

(2) 为什么变压器的励磁参数一定是在空载实验加额定电压的情况下求出?

七、实验报告

(1) 根据实验内容,自拟数据表格,绘出变压器的外特性和空载特性曲线。

(2) 根据额定负载时测得的数据,计算变压器的各项参数。

(3) 计算变压器的电压调整率 $\Delta U\% = \frac{U_{20} - U_{2N}}{U_{20}} \times 100\%$。

实验二十二　三相交流电路电压、电流的测量

一、实验目的

(1) 掌握三相负载作星形连接、三角形连接的方法；验证这两种接法时的线、相电压及线、相电流之间的关系。

(2) 充分理解三相四线供电系统中中线的作用。

二、原理说明

(1) 三相负载可接成星形（又称“Y”接）或三角形（又称“△”接）。当三相对称负载作 Y 形连接时，线电压 u_L 是相电压 u_P 的$\sqrt{3}$倍。线电流 i_L 等于相电流 i_P，即

$$u_L=\sqrt{3}u_P, \qquad i_L=i_P$$

在这种情况下，流过中线的电流 $i_0=0$，所以可以省去中线。

当对称三相负载作△形连接时，有：

$$i_L=\sqrt{3}i_P, \qquad u_L=u_P$$

(2) 不对称三相负载作 Y 形连接时，必须采用三相四线制接法，即 Y_0 接法。而且中线必须牢固连接，以保证三相不对称负载的每相电压维持对称不变。

倘若中线断开，会导致三相负载电压的不对称，致使负载轻的那一相的相电压过高，使负载遭受损坏；负载重的一相相电压又过低，使负载不能正常工作。尤其是对于三相照明负载，无条件地一律采用 Y_0 接法。

(3) 当不对称负载作△连接时，$i_L\neq\sqrt{3}i_P$，但只要电源的线电压 u_L 对称，加在三相负载上的电压仍是对称的，对各相负载工作没有影响。

三、实验设备

三相交流电路电压、电流测量所需设备如表 22－1 所列。

表 22－1

序　号	名　称	型号与规格	数　量	备　注
1	交流电压表	0～500 V	1	
2	交流电流表	0～10 A	1	
3	万用表	VC 890 型	1	
4	三相自耦调压器	0～430 V	1	
5	三相灯组负载	220 V，15 W 照明灯	9	

四、实验内容

1. 三相负载星形连接(三相四线制供电)

按图22-1线路组接实验电路。该三相灯组负载经三相自耦调压器接通三相对称电源。实验时将三相调压器的旋柄置于输出为0 V的位置(逆时针旋到底)。经指导教师检查合格后,方可开启实验台电源,然后调节调压器的输出,使输出的任一相相电压加到150 V左右,并按下述内容完成各项实验:分别测量三相负载的线电压、相电压、线电流、相电流、中线电流、电源与负载中点间的电压。将所测得的数据记入表22-2中,并观察各相灯组亮暗的变化程度,特别要注意观察中线的作用。

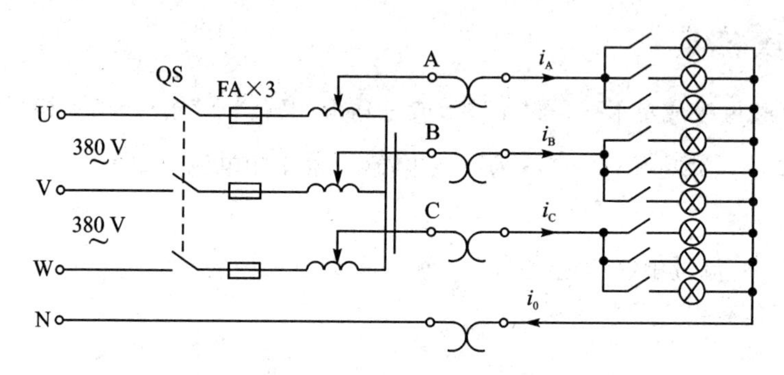

图22-1

表22-2

项　目	测量数据														
	开灯盏数			线电流/A			线电压/V			相电压/V			中线电流 i_0/A	中点电压 u_{NO}/V
实验内容(负载情况)	A相	B相	C相	i_A	i_B	i_C	u_{AB}	u_{BC}	u_{CA}	u_{A0}	u_{B0}	u_{C0}		
Y_0 接平衡负载	3	3	3											
Y 接平衡负载	3	3	3											
Y_0 接不平衡负载	1	2	3											
Y 接不平衡负载	1	2	3											
Y_0 接B相断开	1		3											
Y 接B相断开	1		3											
Y 接B相短路	1		3											

注:Y_0 表示接中线,Y表示不接中线。

2. 负载三角形连接(三相三线制供电)

按图22-2改接线路,经指导教师检查合格后接通三相电源,并调节调压器,使其输出任一相相电压加到110 V,并按表22-3的内容进行测试。

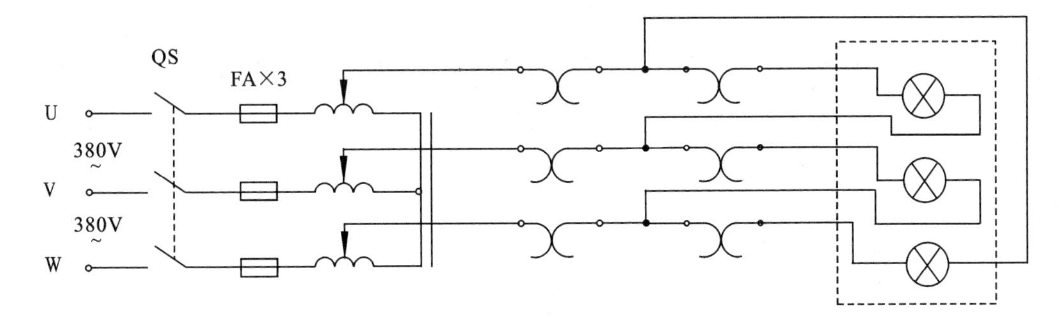

图 22－2

表 22－3

负载情况	测量数据											
	开灯盏数			线电压＝相电压(V)			线电流(A)			相电流(A)		
	A－B相	B－C相	C－A相	u_{AB}	u_{BC}	u_{CA}	i_A	i_B	i_C	i_{AB}	i_{BC}	i_{CA}
三相平衡	3	3	3									
三相不平衡	1	2	3									

五、实验注意事项

(1) 本实验采用三相交流市电，线电压为 380 V，应穿绝缘鞋进实验室。实验时要注意人身安全，不可触及导电部件，防止意外事故发生。

(2) 每次接线完毕，同组同学应自查一遍，然后经指导教师检查后，方可接通电源，必须严格遵守先断电、再接线、后通电；先断电、后拆线的实验操作原则。

(3) 星形负载作短路实验时，必须首先断开中线，以免发生短路事故。

六、预习思考题

(1) 三相负载根据什么条件作星形或三角形连接？

(2) 复习三相交流电路有关内容，试分析三相星形连接不对称负载在无中线情况下，当某相负载开路或短路时会出现什么情况？如果接上中线，情况又如何？

(3) 本次实验中为什么要通过三相调压器将 380 V 的市电线电压降为 220 V 的线电压使用？

七、实验报告

(1) 用实验测得的数据验证对称三相电路中的$\sqrt{3}$关系。

(2) 用实验数据和观察到的现象，总结三相四线供电系统中中线的作用。

(3) 不对称三角形连接的负载，能否正常工作？实验是否能证明这一点？

(4) 根据不对称负载三角形连接时的相电流值作相量图，并求出线电流值，然后与实验测得的线电流作比较，并分析之。

实验二十三　三相电路功率的测量

一、实验目的

(1) 掌握用二瓦特表的方法测量三相电路有功功率与无功功率的方法。

(2) 进一步熟练掌握功率表的接线和使用方法。

二、原理说明

(1) 对于三相四线制供电的三相星形连接的负载(Y_0 接法),可用一只功率表测量各相的有功功率 P_A、P_B、P_C,则三相负载的总有功功率 $\sum P = P_A + P_B + P_C$。这就是一瓦特表法,如图 23-1 所示。若三相负载是对称的,则只需测量一相的功率,再乘以 3 即得三相总的有功功率。

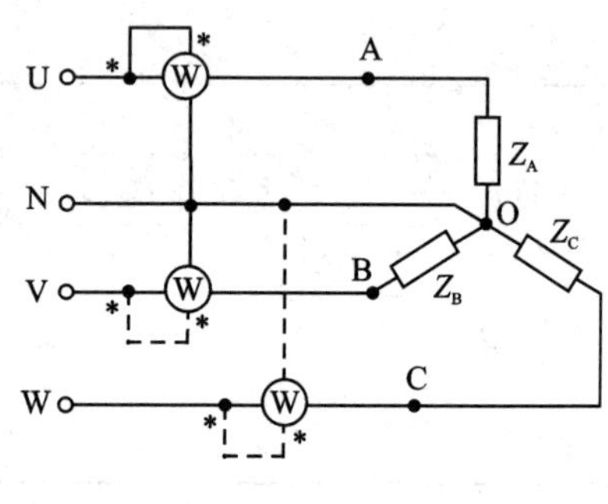

图 23-1

(2) 三相三线制供电系统中,不论三相负载是否对称,也不论负载是 Y 形接法还是△形接法,都可用二瓦特表法测量三相负载的总有功功率,测量线路如图 23-2 所示。若负载为感性或容性,且当相位差 $\varphi > 60°$时,线路中的一只功率表指针将反偏(数字式功率表将出现负读数),这时应将功率表中电流线圈的两个端子调换(不能调换电压线圈端子),其读数应记为负值。而三相总功率 $\sum P = P_1 + P_2$(P_1、P_2 本身不含任何意义)。

除图 23-2 的 i_A、u_{AC} 与 i_B、u_{BC} 接法外,还有 i_B、u_{AB} 与 i_C、u_{AC} 以及 i_A、u_{AB} 与 i_C、u_{BC} 两种接法。

(3) 对于三相三线制供电的三相对称负载,可用一瓦特表法测得三相负载的总无功功率 Q,测试原理线路如图 23-3 所示。

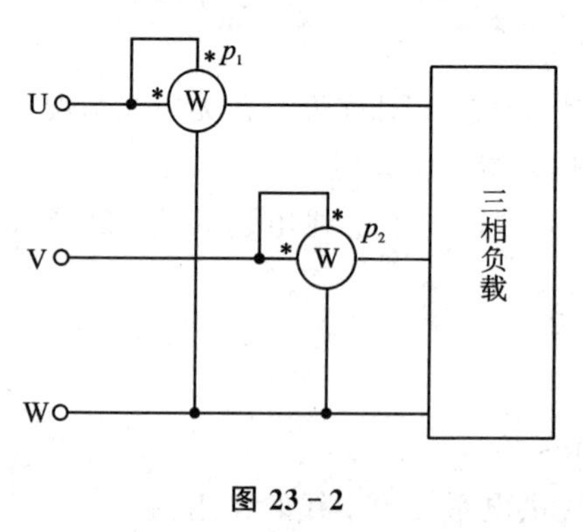

图 23-2

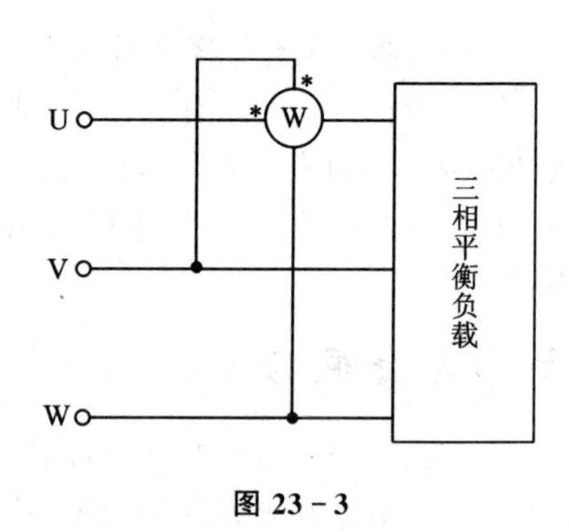

图 23-3

图示功率表读数的$\sqrt{3}$倍,即为对称三相电路总的无功功率。除了此图给出的一种连接法(i_U、u_{VW})外,还有另外两种连接法,即接成(i_V、u_{UW})或(i_W、u_{UV})。

三、实验设备

测试三相电路功率的实验设备如表 23-1 所列。

表 23-1

序　号	名　称	型号与规格	数　量	备　注
1	交流电压表	0～500 V	2	
2	交流电流表	0～5 A	2	
3	单相功率表		2	
4	万用表	VC 890	1	
5	三相自耦调压器	0～430 V	1	
6	三相灯组负载	220 V,40 W 照明灯	9	
7	三相电容负载	1 μF,2.2 μF,4.7 μF/ 500 V	各 3	

四、实验内容

(1) 用一瓦特表法测定三相对称负载接 Y_0 以及不对称负载接 Y_0 时的总功率 $\sum P$，实验按图 23-4 线路接线。线路中的电流表和电压表用以监视该相的电流和电压，不要超过功率表电压和电流的量程。

实验方法是，经指导教师检查后，接通三相电源，调节调压器输出，使输出线电压为 220 V，并按表 23-2 的要求进行测量及计算。

表 23-2

负载情况	开灯盏数			测量数据			计算值
	A 相	B 相	C 相	P_A/W	P_B/W	P_C/W	$\sum P$/W
Y_0 接对称负载	3	3	3				
Y_0 接不对称负载	1	2	3				

首先将三只表按图 23-4 接入 B 相进行测量，然后分别将三只表换接到 A 相和 C 相，再进行测量。

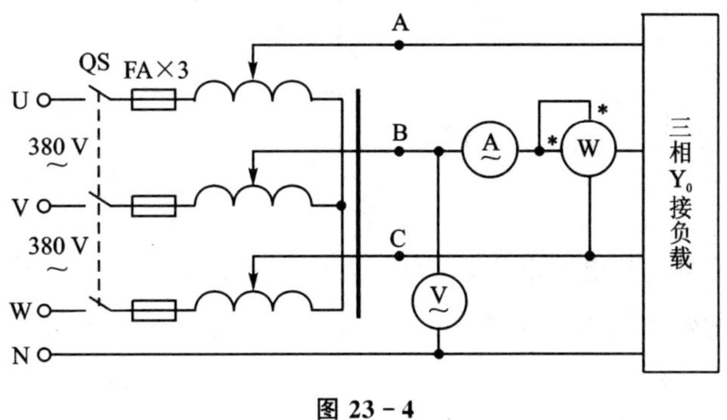

图 23-4

(2) 用二瓦特表法测定三相负载的总功率。

① 按图 23－5 接线,将三相灯组负载按 Y 形接法。

实验方法是,经指导教师检查后,接通三相电源,调节调压器的输出,使输出线电压为 220 V,并按表 23－3 的内容进行测量。

② 将三相灯组负载改成△形接法,重复①的测量步骤,将数据记入表 23－3 中。

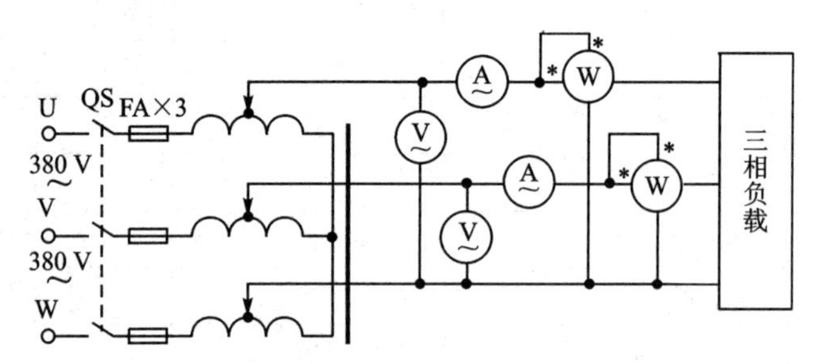

图 23－5

表 23－3

负载情况	开灯盏数			测量数据		计算值
	A 相	B 相	C 相	P_1/W	P_2/W	ΣP/W
Y 接平衡负载	3	3	3			
Y 接不平衡负载	1	2	3			
△接不平衡负载	1	2	3			
△接平衡负载	3	3	3			

③ 将两只瓦特表依次按另外两种接法接入线路,重复①和②的测量。用自拟表格将测量数据记入表中。

(3) 用一瓦特表法测定三相对称星形负载的无功功率,按图 23－6 所示的电路接线。

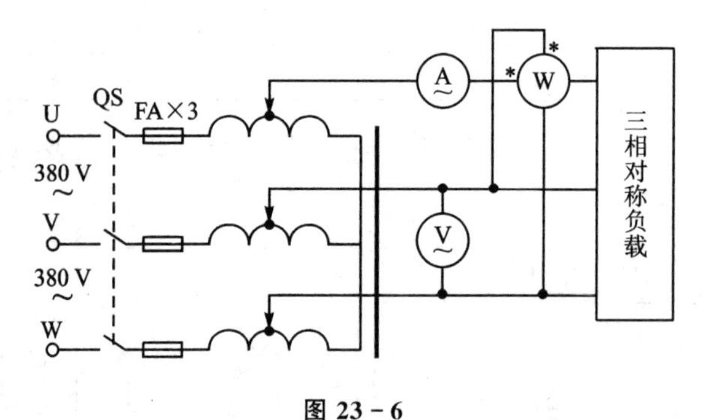

图 23－6

① 每相负载由照明灯和电容器并联而成,并由开关控制其接入。检查接线无误后,接通三相电源,将调压器的输出线电压调到 220 V,读取三表的读数,并计算无功功率 $\sum Q$,记入表 23－4 中。

② 分别按 i_V、u_{UW} 和 i_W、u_{UV} 接法，重复①的测量，并比较各自的 $\sum Q$ 值。

表 23－4

接法	负载情况	测量值			计算值
		u/V	i/A	Q/var	$\sum Q=\sqrt{3}Q$
i_U，u_{VW}	(1) 三相对称灯组(每相开 3 盏)				
	(2) 三相对称电容器(每相 4.7 μF)				
	(3) 将(1)、(2)的负载并联				
i_V，u_{VW}	(1) 三相对称灯组(每相开 3 盏)				
	(2) 三相对称电容器(每相 4.7 μF)				
	(3) 将(1)、(2)的负载并联				
i_W，u_{VW}	(1) 三相对称灯组(每相开 3 盏)				
	(2) 三相对称电容器(每相 4.7 μF)				
	(3) 将(1)、(2)的负载并联				

五、实验注意事项

每次实验完毕，均需将三相调压器旋柄调回零位。每次改变接线，均需断开三相电源，以确保人身安全。

六、预习思考题

(1) 复习二瓦特表法测量三相电路有功功率的原理。
(2) 复习一瓦特表法测量三相对称负载无功功率的原理。
(3) 测量功率时为什么在线路中通常都接有电流表和电压表？

七、实验报告

(1) 完成数据表格中的各项测量和计算任务。比较一瓦特表和二瓦特表法的测量结果。
(2) 总结、分析三相电路功率测量的方法与结果。

实验二十四　单相电度表的校验

一、实验目的

(1) 掌握电度表的接线方法。

(2) 学会电度表的校验方法。

二、原理说明

(1) 电度表是一种感应式仪表，是根据交变磁场在金属中产生感应电流，从而产生转矩的基本原理而工作的仪表，主要用于测量交流电路中的电能。它的指示器能随着电能的不断增大(也就是随着时间的延续)而连续地转动，从而能随时显示出电能积累的总数值。因此，它的指示器是一个“积算机构”，是将转动部分通过齿轮传动机构折换为被测电能的数值，由数字及刻度直接指示出来。

它的驱动元件是由电压铁芯线圈和电流铁芯线圈在空间上、下排列，中间隔以铝制的圆盘。驱动两个铁芯线圈的交流电，建立起合成的特殊分布的交变磁场，并穿过铝盘，在铝盘上产生出感应电流。该电流与磁场的相互作用结果产生转动力矩驱使铝盘转动。铝盘上方装有一个永久磁铁，其作用是对转动的铝盘产生制动力矩，使铝盘转速与负载功率成正比。因此，在某一段测量时间内，负载所消耗的电能 W 就与铝盘的转数 n 成正比。即 $N=\frac{n}{W}$，比例系数 N 称为电度表常数，常在电度表上标明，其单位是 r/(kW・h)。

(2) 电度表的灵敏度是指在额定电压、额定频率及 $\cos\varphi=1$ 的条件下，从零开始调节负载电流，测出铝盘开始转动的最小电流值 $I_{\min}$，则仪表的灵敏度表示为 $S=\frac{I_{\min}}{I_N}\times 100\%$。式中的 I_N 为电度表的额定电流。$I_{\min}$ 通常较小，约为 I_N 的 0.5%。

(3) 电度表的潜动是指负载电流等于零时，电度表仍出现缓慢转动的现象。按照规定，无负载电流时，在电度表的电压线圈上施加其额定电压的 110%(达 242 V)时，观察其铝盘的转动是否超过一圈。凡超过一圈者，判为潜动不合格。

三、实验设备

单相电度表校验所需实验设备如表 24-1 所列。

四、实验内容与步骤

记录被校验电度表的数据：额定电流 $I_N=$__________，额定电压 $U_N=$__________，电度表常数 $N=$__________，准确度为__________。

1. 用功率表、秒表法校验电度表的准确度

按图 24-1 接线。电度表的接线与功率表相同，其电流线圈与负载串联，电压线圈与负载并联。

表 24-1

序　号	名　称	型号与规格	数　量	备　注
1	电度表	1.5(6) A	1	
2	单相功率表		1	
3	交流电压表	0～500 V	1	
4	交流电流表	0～5 A	1	
5	自耦调压器	0～250 V	1	
6	照明灯	220 V,100 W	3	
7	照明灯、灯座	220 V,15 W	9	
8	秒　表		1	

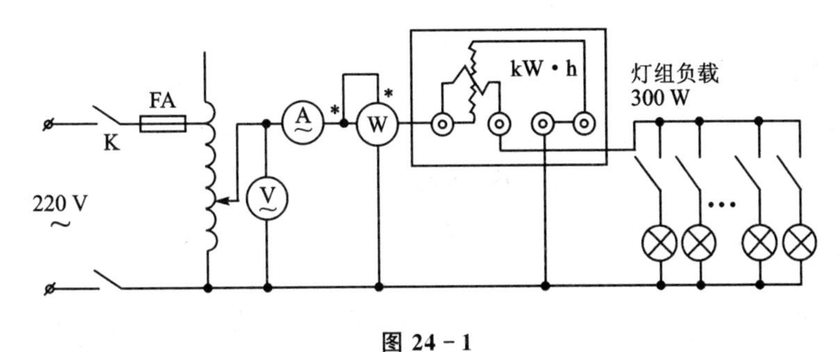

图 24-1

实验方法是,线路经指导教师检查无误后,接通电源。将调压器的输出电压调到 220 V,按表 24-2 的要求接通灯组负载,用秒表定时记录电度表转盘的转数及记录各仪表的读数。

表 24-2

负载情况	测量值							计算值		
	u/V	i/A	电表读数/(kW・h)			时间/s	转数 n	计算电能 W/(kW・h)	$\Delta W/W$/%	电度表常数 N
			起	止	W					
300 W										
300 W										

为了准确地记时及计圈数,可将电度表转盘上的一小段着色标记刚出现(或刚结束)时作为秒表计时的开始,并同时读出电度表的起始读数。此外,为了能记录整数转数,可先预定好转数,待电度表转盘刚转完此转数时,作为秒表测定时间的终点,并同时读出电度表的终止读数。然后将所有数据记入表 24-2 中。

建议 n 取 24 圈,在 300 W 负载时,需时 2 min 左右。

表 24-2 中,2 次 300 W 的测量值填写,是为了准确和熟悉而设置,若需要可重复多做几次。

2. 电度表灵敏度的测试

电度表灵敏度的测试要用到专用的变阻器,一般都不具备。此处可将图 24-1 中的灯组负载改成三组灯组相串联,并全部用220 V、15 W的照明灯。再在电度表与灯组负载之间串接8 W、30～10 kΩ的电阻。每组先开通一只照明灯。接通220 V后看电度表转盘是否开始转动,然后逐只增加照明灯或者减少电阻,直到转盘开转。则这时电流表的读数可大致作为其灵敏度,请同学们自行估算其误差。

做此实验前应使电度表转盘的着色标记处于可看见的位置。由于负载很小,转盘的转动很缓慢,必须耐心观察。

3. 检查电度表的潜动是否合格

断开电度表的电流线圈回路,调节调压器的输出电压为额定电压的110%(242 V),仔细观察电度表的转盘有否转动。一般允许有缓慢地转动。若转动不超过一圈即停止,则该电度表的潜动为合格,反之则不合格。

实验前应使电度表转盘的着色标记处于可看见的位置。由于“潜动”非常缓慢,要观察正常的电度表“潜动”是否超过一圈,这需要1 h以上。

五、实验注意事项

(1) 本实验台配有一只电度表,实验时,只要将电度表挂在挂箱上的相应位置,并用螺母紧固即可。接线时要卸下护板。实验完毕,拆除线路后,要装回护板。

(2) 记录时,同组同学要密切配合。秒表定时、读取转数和电度表读数步调要一致,以确保测量的准确性。

(3) 实验中用到220 V强电,操作时应特别注意安全。凡需改动接线,必须切断电源,接好线后,检查无误后才能加电。

六、预习思考题

(1) 查找有关资料,了解电度表的结构、原理及其检定方法。

(2) 电度表接线有哪些错误接法,它们会造成什么后果?

七、实验报告

(1) 对被校电度表的各项技术指标作出评论。

(2) 总结校正电度表工作的体会。

实验二十五　功率因数及相序的测量

一、实验目的

（1）掌握三相交流电路相序的测量方法。

（2）熟悉功率因数表的使用方法，了解负载性质对功率因数的影响。

二、原理说明

图 25－1 为相序指示器电路，用以测定三相电源的相序 A、B、C（或 U、V、W）。它是由一个电容器和两个电灯连接成的星形不对称三相负载电路。如果电容器所接的是 A 相，则灯光较亮的是 B 相，较暗的是 C 相。相序是相对的，任何一相均可作为 A 相。但 A 相确定后，B 相和 C 相也就确定了。为了分析问题简单起见，设

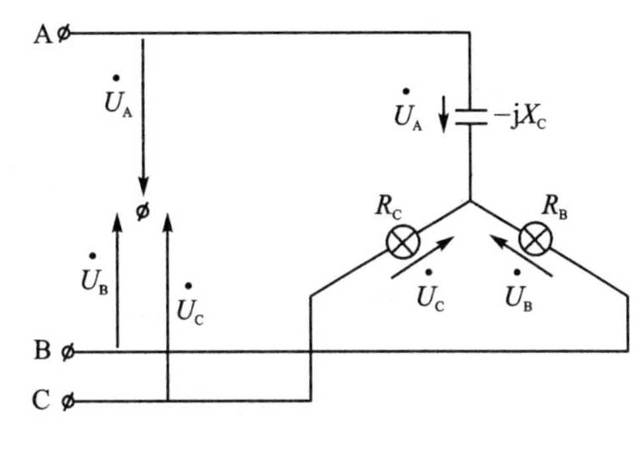

图 25－1

$$X_C=R_B=R_C=R,\quad \dot{U}_A=U_P\angle 0^\circ$$

则

$$\dot{U}_{N'N}=\frac{U_P\left(\frac{1}{-jR}\right)+U_P\left(-\frac{1}{2}-j\frac{\sqrt{3}}{2}\right)\left(\frac{1}{R}\right)+U_P\left(-\frac{1}{2}+j\frac{\sqrt{3}}{2}\right)\left(\frac{1}{R}\right)}{-\frac{1}{jR}+\frac{1}{R}+\frac{1}{R}}$$

$$\dot{U}'_B=\dot{U}_B-\dot{U}_{N'N}=U_P\left(-\frac{1}{2}-j\frac{\sqrt{3}}{2}\right)-U_P(-0.2+j0.6)=$$

$$U_P(-0.3-j1.466)=1.49U_P\angle 101.6^\circ$$

$$\dot{U}'_C=\dot{U}_C-\dot{U}_{N'N}=U_P\left(-\frac{1}{2}+j\frac{\sqrt{3}}{2}\right)-U_P(-0.2+j0.6)=$$

$$U_P(-0.3+j0.266)=0.4U_P\angle -138.4^\circ$$

由于 $\dot{U}'_B>\dot{U}'_C$，故 B 相灯光较亮。

三、实验设备

功率因数及相序的测量所需设备如表 25－1 所列。

表 25－1

序　号	名　称	型号与规格	数　量	备　注
1	单相功率表		1	
2	交流电压表	0～500 V	1	
3	交流电流表	0～5 A	1	
4	照明灯灯组负载	15 W/220 V	3	

续表 25-1

序号	名称	型号与规格	数量	备注
5	电感线圈	30 W 镇流器	1	
6	电容器	1 μF,4.7 μF		

四、实验内容

(1) 相序的测定一般用以下 2 种方法均可。

① 用 220 V、15 W 照明灯和 1 μF/500 V 电容器,按图 25-1 接线,经三相调压器接入线电压为 220 V 的三相交流电源,观察两只灯泡的亮、暗,判断三相交流电源的相序。

② 将电源线任意调换两相后再接入电路,观察两灯的明亮状态,判断三相交流电源的相序。

(2) 电路功率(P)和功率因数($\cos\varphi$)的测定。

按图 25-2 接线,在表 25-2 所述 A、B 间接入不同器件,记录 $\cos\varphi$ 及其他各参数的读数,并分析负载性质。

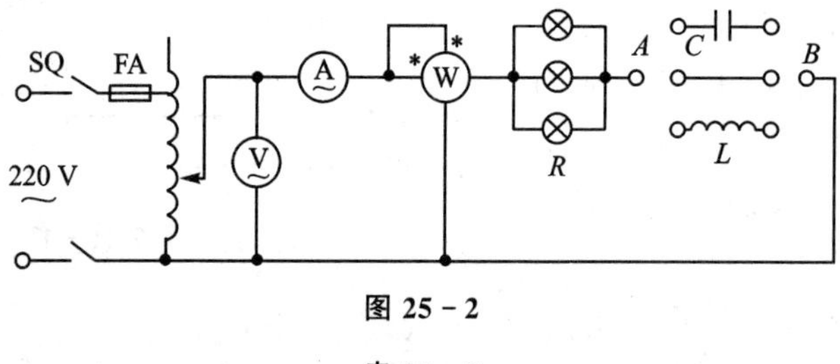

图 25-2

表 25-2

A、B间连接	u/V	u_R/V	u_L/V	u_C/V	i/V	p/W	$\cos\varphi$	负载性质
短　接								
接入 C								
接入 L								
接入 L 和 C								

注:C 为 4.7 μF/500 V,L 为 30 W 荧光灯镇流器。

五、实验注意事项

每次改接线路都必须先断开电源。

六、预习思考题

根据电路理论,分析图 25-1 所示检测相序的原理。

七、实验报告

(1) 简述实验线路的相序检测原理。

(2) 根据 U、I、P 三表测定的数据,计算出 $\cos\varphi$,并与 $\cos\varphi$ 的实验读数比较,分析误差原因。

(3) 分析负载性质与 $\cos\varphi$ 的关系。

实验二十六　三相鼠笼式异步电动机

一、实验目的

(1) 熟悉三相鼠笼式异步电动机的结构和额定值。

(2) 学习检验异步电动机绝缘情况的方法。

(3) 学习三相异步电动机定子绕组首、末端的判别方法。

(4) 掌握三相鼠笼式异步电动机的启动和反转方法。

二、原理说明

1. 三相鼠笼式异步电动机的结构

异步电动机是基于电磁原理把交流电能转换为机械能的一种旋转电机。

三相鼠笼式异步电动机的基本结构有定子和转子两大部分。

定子主要由定子铁芯、三相对称定子绕组和机座等组成，是电动机的静止部分。三相定子绕组一般有 6 根引出线，出线端装在机座外面的接线盒内，如图 26－1 所示。根据三相电源电压的不同，三相定子绕组可以接成星形(Y)或三角形(△)，然后与三相交流电源相连。

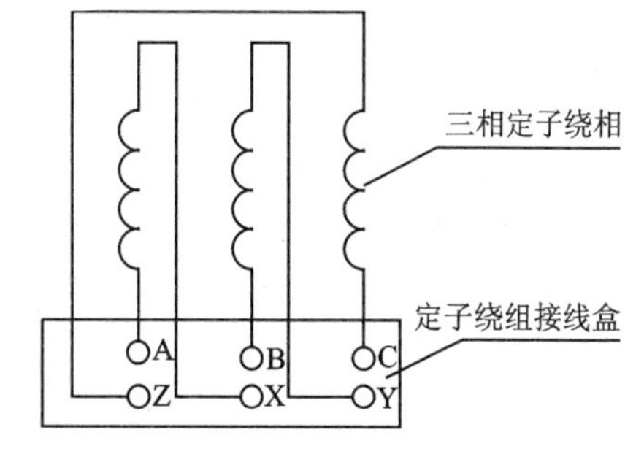

图 26－1

转子主要由转子铁芯、转轴、鼠笼式转子绕组和风扇等组成，是电动机的旋转部分。小容量鼠笼式异步电动机的转子绕组大都采用铝浇铸而成，冷却方式一般都采用扇冷式。

2. 三相鼠笼式异步电动机的铭牌

三相鼠笼式异步电动机的额定值标记在电动机的铭牌上，方框内为本实验装置三相鼠笼式异步电动机铭牌。

型号	DJ24	电压	380 V/220 V	接法	Y/△
功率	180 W	电流	1.13 A/0.65 A	转速	1 400 r/min
定额	连续				

其中：

(1) 功率　额定运行情况下，电动机轴上输出的机械功率。

(2) 电压　额定运行情况下，定子三相绕组应加的电源线电压值。

(3) 接法　定子三相绕组接法，当额定电压为 380 V/220 V 时，应为 Y/△接法。

(4) 电流　额定运行情况下，当电动机输出额定功率时，定子电路的线电流值。

3. 三相鼠笼式异步电动机的检查

电动机使用前应作以下必要的检查：

(1) 机械检查

检查引出线是否齐全、牢靠；转子转动是否灵活、匀称，有否异常声响等。

(2) 电气检查

① 用兆欧表检查电机绕组间及绕组与机壳之间的绝缘性能

电动机的绝缘电阻可以用兆欧表进行测量。对额定电压1 kV以下的电动机，其绝缘电阻值最低不得小于1 000 Ω/V，测量方法如图26-2所示。一般500 V以下的中小型电动机最低应具有2 MΩ的绝缘电阻。

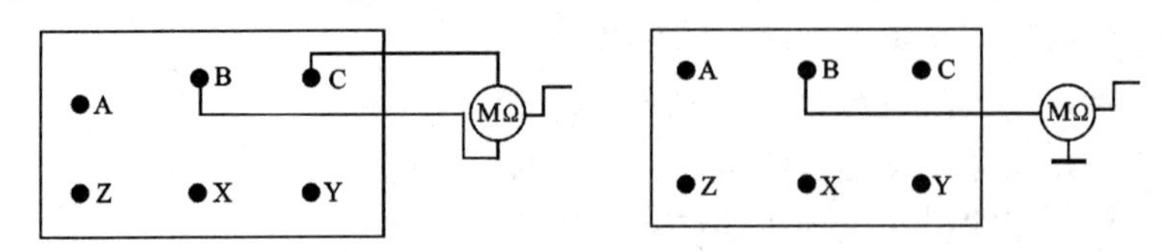

图26-2

② 定子绕组首、末端的判别

异步电动机三相定子绕组的6个出线端有3个首端和三相末端。一般，首端标以A、B、C，末端标以X、Y、Z。在接线时如果没有按照首、末端的标记来接，则当电动机启动时磁势和电流就会不平衡，因而引起绕组发热、振动、有噪声，甚至电动机不能启动或因过热而烧毁。由于某种原因定子绕组6个出线端标记无法辨认，可以通过实验方法来判别其首、末端(同名端)。方法如下：

用万用电表欧姆挡从6个出线端确定哪一对引出线是属于同一相的，分别找出三相绕组，并标以符号，如A、X；B、Y和C、Z。将其中的任意两相绕组串联，如图26-3所示。

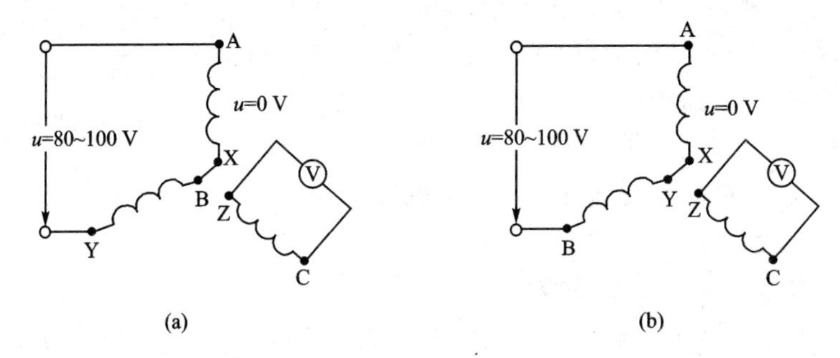

图26-3

将控制屏三相自耦调压器手柄置零位，开启电源总开关，按下启动按钮，接通三相交流电源。调节调压器输出，使在相串联两相绕组出线端施以单相低电压$u=80\sim100$ V，测出第三相绕组的电压，如测得的电压值有一定读数，表示两相绕组的末端与首端相连，如图26-3(a)所示。反之，如测得的电压近似为零，则两相绕组的末端与末端(或首端与首端)相连，如图26-3(b)所示。用同样方法可测出第三相绕组的首末端。

4. 三相鼠笼式异步电动机的启动

鼠笼式异步电动机的直接启动电流可达额定电流的4～7倍，但持续时间很短，不致引起电机过热而烧坏。但对容量较大的电机，过大的启动电流会导致电网电压的下降而影响其他的负载正常运行。通常采用降压启动，最常用的是Y-△换接启动，它可使启动电流减小到直接启动的1/3。其使用的条件是正常运行必须按△接法。

5. 三相鼠笼式异步电动机的反转

异步电动机的旋转方向取决于三相电源接入定子绕组时的相序，故只要改变三相电源与定子绕组连接的相序即可使电动机改变旋转方向。

三、实验设备

表 26－1 列出了三相鼠笼式异步电动机实验所需设备。

表 26－1

序　号	名　称	型号与规格	数　量	备　注
1	三相交流电源	380 V、220 V	1	
2	三相鼠笼式异步电动机	DJ24	1	
3	兆欧表	500 V	1	
4	交流电压表	0～500 V	1	
5	交流电流表	0～5 A	1	
6	万用电表	VC 890 型	1	

四、实验内容

(1) 抄录三相鼠笼式异步电动机的铭牌数据，并观察其结构。

(2) 用万用电表判别定子绕组的首、末端。

(3) 用兆欧表测量电动机的绝缘电阻。

各相绕组之间的绝缘电阻　　　　绕组对地(机座)之间的绝缘电阻

A 相与 B 相__________(MΩ)　　A 相与地(机座)__________(MΩ)

A 相与 C 相__________(MΩ)　　B 相与地(机座)__________(MΩ)

B 相与 C 相__________(MΩ)　　C 相与地(机座)__________(MΩ)

(4) 鼠笼式异步电动机的直接启动：

① 采用 380 V 三相交流电源：将三相自耦调压器手柄置于输出电压为零位置；控制屏上三相电压表切换开关置“调压输出”侧；根据电动机的容量选择交流电流表合适的量程。

开启控制屏上三相电源总开关，按启动按钮，此时自耦调压器原绕组端 U_1、V_1、W_1 得电，调节调压器输出使 U、V、W 端输出线电压为 380 V，三只电压表指示应基本平衡。保持自耦调压器手柄位置不变，按停止按钮，自耦调压器断电。

a. 按图 26－4 接线，电动机三相定子绕组按 Y 形接法；供电线电压为 380 V；实验线路中 Q_1 及 FA 由控制屏上的接触器 KM 和熔断器 FA 代替，学生可由 U、V、W 端子开始接线，以后各控制实验均同此。

b. 按控制屏上的启动按钮，电动机直接启动，观察启动瞬间电流冲击情况及电动机旋转方向，记录启动电流。当启动运行稳定后，将电流表量程切换至较小量程挡位上，记录空载电流。

c. 电动机稳定运行后，突然拆出 U、V、W 中的任一相电源(注意小心操作，以免触电)，观测电动机作单相运行时电流表的读数并记录之。再仔细倾听电机的运行声音有何变化。(可由指导教师作示范操作)

d. 电动机启动之前先断开 U、V、W 中的任一相，作缺相启动。观测电流表读数，记录之，观察电动机有否启动，再仔细倾听电动机有否发出异常的声响。

e. 实验完毕，按控制屏停止按钮，切断实验线路三相电源。

② 采用220 V三相交流电源:调节调压器输出使输出线电压为220 V,电动机定子绕组按△形接法。按图26-5接线,重复①中各项内容,记录之。

(5) 异步电动机的反转:电路如图26-6所示,按控制屏启动按钮,启动电动机,观察启动电流及电动机旋转方向是否反转。

实验完毕,将自耦调压器调回零位,按控制屏停止按钮,切断实验线路三相电源。

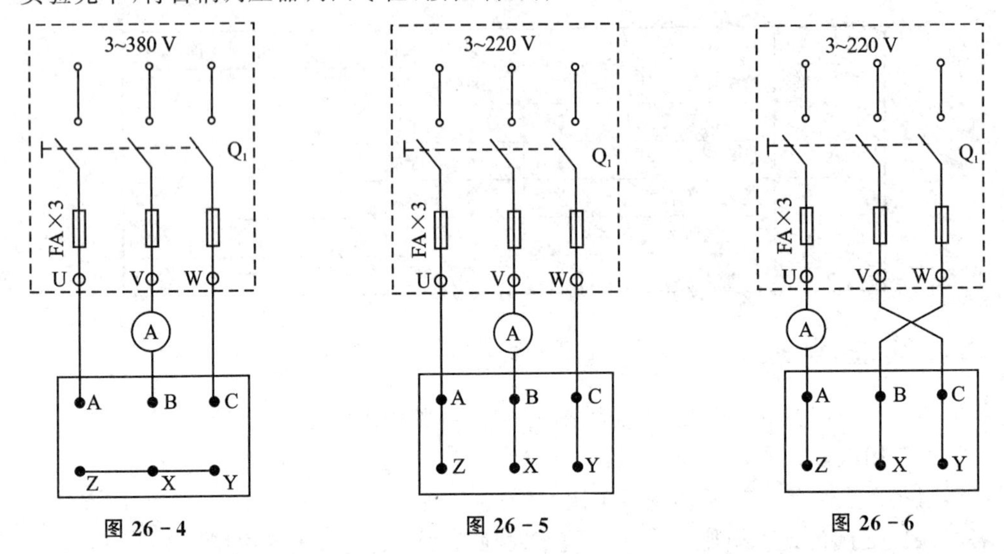

图26-4　　图26-5　　图26-6

五、实验注意事项

(1) 本实验系强电实验,接线前(包括改接线路)、实验后都必须断开实验线路的电源,特别改接线路和拆线时必须遵守"先断电,后拆线"的原则。电机在运转时,电压和转速均很高,切勿触碰导电和转动部分,以免发生人身和设备事故。为了确保安全,学生应穿绝缘鞋进入实验室。接线或改接线路必须经指导教师检查后方可进行实验。

(2) 启动电流持续时间很短,且只能在接通电源的瞬间读取电流表指针偏转的最大读数(因指针偏转的惯性,此读数与实际的启动电流数据略有误差),如错过这一瞬间,须将电机停车,待停稳后,重新启动后读取数据。

(3) 单相(缺相) 运行时间不能太长,以免过大的电流导致电机的损坏。

六、预习思考题

(1) 如何判断异步电动机的6个引出线,如何连接成Y形或△形,又根据什么来确定该电动机作Y形或△形接法。

(2) 缺相是三相电动机运行中的一大故障,在启动或运转时发生缺相,会出现什么现象?有何后果?

(3) 电动机转子被卡住不能转动,如果定子绕组接通三相电源将会发生什么后果?

七、实验报告

(1) 总结对三相鼠笼机绝缘性能检查的结果,判断该电机是否完好可用?

(2) 对三相鼠笼机的启动、反转及各种故障情况进行分析。

实验二十七　三相鼠笼式异步电动机的点动和自锁控制

一、实验目的

（1）通过对三相鼠笼式异步电动机的点动控制和自锁控制线路的实际安装接线，掌握由电气原理图变换成安装接线图的知识。

（2）通过实验进一步加深理解点动控制和自锁控制的特点。

二、原理说明

（1）“继电-接触”控制在各类生产机械中获得广泛应用。凡是需要进行前后、上下、左右、进退等运动的生产机械，均采用传统的典型的正、反转“继电-接触”控制。

交流电动机“继电-接触”控制电路的主要设备是交流接触器。其主要构造为：

① 电磁系统——铁芯、吸引线圈和短路环。

② 触头系统——主触头和辅助触头，还可按吸引线圈得电前后触头的动作状态，分动合（常开）和动断（常闭）两类。

③ 消弧系统——在切断大电流的触头上装有灭弧罩，以迅速切断电弧。

④ 接线端子和反作用弹簧等。

（2）在控制回路中常采用接触器的辅助触头来实现自锁和互锁控制。要求接触器线圈得电后能自动保持动作后的状态，这就是自锁。自锁通常用接触器自身的动合触头与启动按钮相并联来实现，以达到电动机的长期运行。这一动合触头称为“自锁触头”。使两个电器不能同时得电动作的控制，称为互锁控制。如为了避免正、反转两个接触器同时得电而造成三相电源短路事故，必须增设互锁控制环节。为操作的方便，也为防止因接触器主触头长期大电流的烧蚀而偶发触头粘连后造成的三相电源短路事故，通常在具有正、反转控制的线路中采用既有接触器的动断辅助触头的电气互锁，又有复合按钮机械互锁的双重互锁的控制环节。

（3）控制按钮通常用以短时通、断小电流的控制回路，以实现近、远距离控制电动机等执行部件的启、停或正、反转控制。按钮专供人工操作使用。对于复合按钮，其触点的动作规律是：当按下时，其动断触头先断，动合触头后合；当松手时，则动合触头先断，动断触头后合。

（4）在电动机运行过程中，应对可能出现的故障进行保护。

采用熔断器作短路保护，当电动机或电器发生短路时，及时熔断熔体，达到保护线路和电源的目的。熔体熔断时间与流过的电流关系称为熔断器的保护特性，是选择熔体的主要依据。

采用热继电器实现过载保护，使电动机免受长期过载之危害。其主要的技术指标是额定电流值，即电流超过此值的20%时，其动断触头应能在一定时间内断开，切断控制回路，动作后只能由人工进行复位。

（5）在电气控制线路中，最常见的故障发生在接触器上。接触器线圈的电压等级通常有220 V和380 V等，使用时必须认清，切勿疏忽。否则，电压过高，易烧坏线圈；电压过低，吸力不够，不易吸合或吸合频繁，不但会产生很大的噪声，也因磁路气隙增大，致使电流过大，也易烧坏线圈。此外，在接触器铁芯的部分端面嵌装有短路铜环，其作用是为了使铁芯吸合牢靠，消除颤动与噪声。若出现短路环脱落或断裂现象,接触器将会产生很大的震动与噪声。

三、实验设备

表 27 - 1 列出了三相鼠笼式异步动机点动和自锁控制实验所需设备。

表 27 - 1

序　号	名　称	型号与规格	数　量	备　注
1	三相交流电源	380 V, 220 V	1	
2	三相鼠笼式异步电动机		1	
3	交流接触器		1	
4	按　钮		2	
5	热继电器		1	
6	交流电压表	0～500 V	1	
7	万用电表	VC 890 型	1	

四、实验内容

认识各电器的结构、图形符号和接线方法;抄录电动机及各电器铭牌数据;并用万用电表欧姆挡检查各电器线圈、触头是否完好。

鼠笼机按△形接法;实验线路电源端接三相自耦调压器输出端 U、V、W,供电线电压为 220 V。

1. 点动控制

按图 27 - 1 所示的点动控制线路进行安装接线。接线时,先接主电路,即从 220 V 三相交流电源的输出端 U、V、W 开始,经接触器 KM 的主触头、热继电器 FR 的热元件到电动机 M 的三个线端 A、B、C,用导线按顺序串联起来。主电路连接完整无误后,再连接控制电路,即从 220 V 三相交流电源某输出端(如 V 端)开始,经过常开按钮 SB1、接触器 KM 的线圈、热继电器 FR 的常闭触头到三相交流电源另一输出端(如 W 端)。显然这是对接触器 KM 线圈供电的电路。

接好线路,经指导教师检查后,方可进行通电操作。

(1) 开启控制屏电源总开关,按启动按钮,调节调压器输出,使输出线电压为 220 V。

(2) 按启动按钮 SB1,对电动机 M 进行点动操作,比较按下 SB1 与松开 SB1 电动机和接触器的运行情况。

(3) 实验完毕,按控制屏停止按钮,切断实验线路三相交流电源。

2. 自锁控制电路

按图 27 - 2 所示自锁线路进行接线,它与图 27 - 1 的不同点在于控制电路中多串联一只常闭按钮 SB2;同时在 SB1 上并联 1 只接触器 KM 的常开触头,起自锁作用。

接好线路经指导教师检查后,方可进行通电操作。

(1) 按控制屏启动按钮,接通 220 V 三相交流电源。

(2) 按启动按钮 SB1,松手后观察电动机 M 是否继续运转。

(3) 按停止按钮 SB2,松手后观察电动机 M 是否停止运转。

(4) 按控制屏停止按钮,切断实验线路三相电源,拆除控制回路中自锁触头 KM,再接通三相电源,启动电动机,观察电动机及接触器的运转情况,从而验证自锁触头的作用。

实验完毕,将自耦调压器调回零位,按控制屏停止按钮,切断实验线路的三相交流电源。

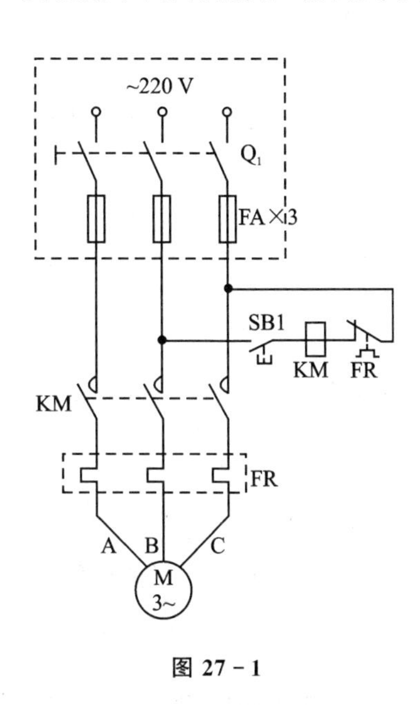

图 27-1

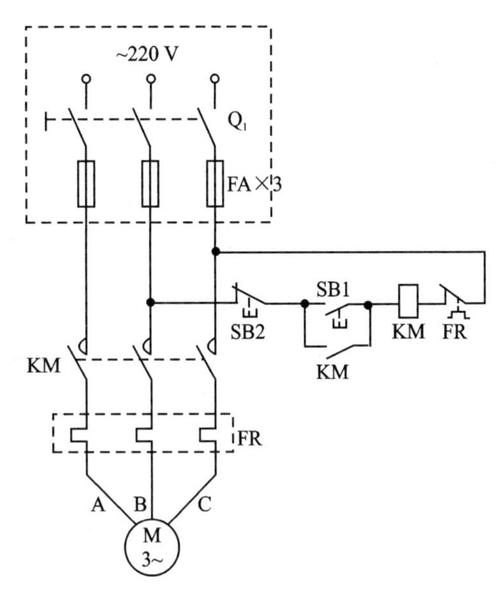

图 27-2

五、实验注意事项

(1) 接线时合理安排挂箱位置,接线要求牢靠、整齐、清楚和安全可靠。

(2) 操作时要胆大、心细、谨慎,不许用手触及各电器元件的导电部分及电动机的转动部分,以免触电及意外损伤。

(3) 通电观察继电器动作情况时,要注意安全,防止碰触带电部位。

六、预习思考题

(1) 试比较点动控制线路与自锁控制线路从结构上看主要区别是什么?从功能上看主要区别是什么?

(2) 自锁控制线路在长期工作后可能出现失去自锁作用,试分析产生的原因是什么?

(3) 交流接触器线圈的额定电压为 220 V,若误接到 380 V 电源会产生什么后果?反之,若接触器线圈电压为 380 V,而电源线电压为 220 V,其结果又会如何?

(4) 在主回路中,熔断器和热继电器热元件可否少用一只或两只?熔断器和热继电器两者可否只采用其中一种就可起到短路和过载保护作用?为什么?

实验二十八　三相鼠笼式异步电动机正、反转控制

一、实验目的

(1) 通过对三相鼠笼式异步电动机正、反转控制线路的安装接线，掌握由电气原理图接成实际操作电路的方法。

(2) 加深对电气控制系统各种保护、自锁、互锁等环节的理解。

(3) 学会分析、排除“继电-接触”控制线路故障的方法。

二、原理说明

在鼠笼机正、反转控制线路中，通过相序的更换来改变电动机的旋转方向。本实验给出两种不同的正、反转控制线路，该线路如图 28－1 及图 28－2 所示。具有如下特点：

(1) 电气互锁

为了避免接触器 KM1(正转)、KM2(反转)同时得电后吸合造成三相电源短路，在 KM1(KM2)线圈支路中串接 KM1(KM2)动断触头，保证了线路工作时 KM1、KM2 不会同时得电(见图 28－1)，以达到电气互锁目的。

(2) 电气和机械双重互锁

除电气互锁外，可再采用复合按钮 SB1 与 SB2 组成的机械互锁环节(见图 28－2)，以求线路工作更加可靠。

(3) 线路具有短路、过载、失、欠压保护等功能。

三、实验设备

表 28－1 列出了三相鼠笼式异步电动机正、反转控制实验设备。

表 28－1

序　号	名　称	型号与规格	数　量	备　注
1	三相交流电源	380 V，220 V	1	
2	三相鼠笼式异步电动机		1	
3	交流接触器	JZC4－40	2	
4	按　钮		3	
5	热继电器	D9305d	1	
6	交流电压表	0～500 V	1	
7	万用电表	MF－500	1	

四、实验内容

认识各电器的结构、图形符号和接线方法；抄录电动机及各电器铭牌数据；并用万用电表欧姆挡检查各电器线圈和触头是否完好。

鼠笼机按△形接法；实验线路电源端接三相自耦调压器输出端 U、V、W，供电线电压为

220 V。

1. 接触器联锁的正、反转控制线路

按图 28－1 接线，经指导教师检查后，方可进行通电操作。

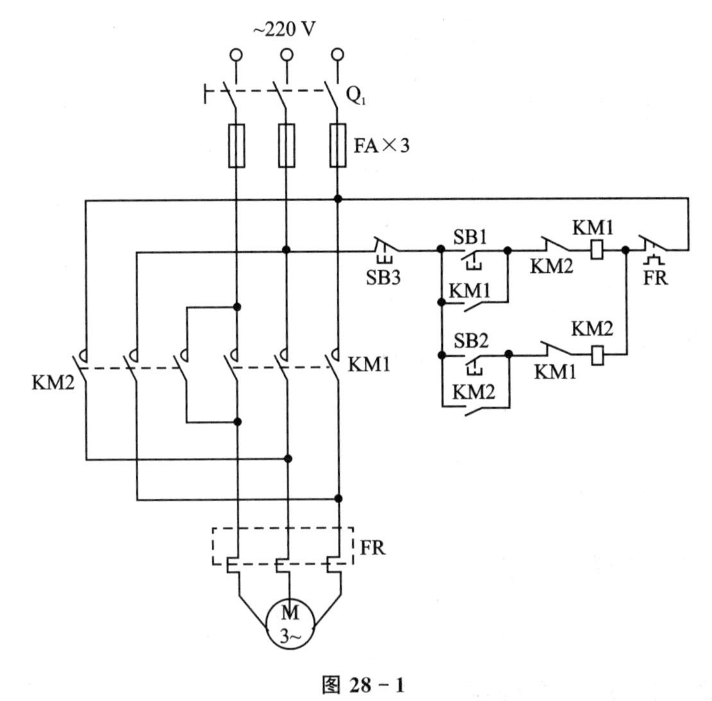

图 28－1

(1) 开启控制屏电源总开关，按启动按钮，调节调压器输出，使输出线电压为 220 V。

(2) 按正向启动按钮 SB1，观察并记录电动机的转向和接触器的运行情况。

(3) 按反向启动按钮 SB2，观察并记录电动机和接触器的运行情况。

(4) 按停止按钮 SB3，观察并记录电动机的转向和接触器的运行情况。

(5) 再按 SB2，观察并记录电动机的转向和接触器的运行情况。

(6) 实验完毕，按控制屏停止按钮，切断三相交流电源。

2. 接触器和按钮双重联锁的正、反转控制线路

按图 28－2 接线，经指导教师检查后，方可进行通电操作。

(1) 按控制屏启动按钮，接通 220V 三相交流电源。

(2) 按正向启动按钮 SB1，电动机正向启动，观察电动机的转向及接触器的动作情况；按停止按钮 SB3，使电动机停转。

(3) 按反向启动按钮 SB2，电动机反向启动，观察电动机的转向及接触器的动作情况；按停止按钮 SB3，使电动机停转。

(4) 按正向(或反向)启动按钮，当电动机启动后，再去按反向(或正向)启动按钮，观察有何情况发生。

(5) 电动机停稳后，同时按正、反向两只启动按钮，观察有何情况发生。

(6) 失压与欠压保护：

① 按启动按钮 SB1(或 SB2)，电动机启动，按控制屏停止按钮，断开实验线路三相电源，模拟电动机失压(或零压)状态，观察电动机与接触器的动作情况，随后，再按控制屏上的启动

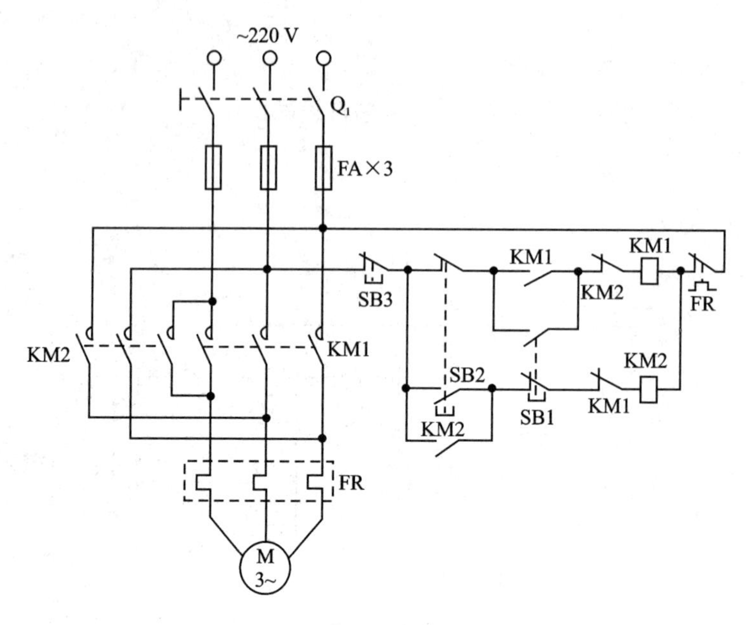

图 28-2

按钮,接通三相电源,但不按 SB1(或 SB2),观察电动机能否自行启动。

② 重新启动电动机后,逐渐减小三相自耦调压器的输出电压,直至接触器释放,观察电动机是否自行停转。

(7) 过载保护:打开热继电器的后盖,当电动机启动后,人为地拨动双金属片模拟电动机过载情况,观察电机、电器动作情况。

注意:过载保护实验较难操作且危险,有条件可由指导教师作示范操作。

实验完毕,将自耦调压器调回零位,按控制屏停止按钮,切断实验线路电源。

五、故障分析

(1) 接通电源后,按启动按钮(SB1 或 SB2),接触器吸合,但电动机不转且发出"嗡嗡"声响;或者虽能启动,但转速很慢。这种故障大多是主回路一相断线或电源缺相。

(2) 接通电源后,按启动按钮(SB1 或 SB2),若接触器通断频繁,且发出连续的噼啪声或吸合不牢,发出颤动声,此类故障原因可能是:

① 线路接错,将接触器线圈与自身的动断触头串在一条回路上了。

② 自锁触头接触不良,时通时断。

③ 接触器铁芯上的短路环脱落或断裂。

④ 电源电压过低或与接触器线圈电压等级不匹配。

六、预习思考题

(1) 在电动机正、反转控制线路中,为什么必须保证两个接触器不能同时工作?采用哪些措施可解决此问题,这些方法有何利弊,最佳方案是什么?

(2) 在控制线路中,短路、过载、失、欠压保护等功能是如何实现的?在实际运行过程中,这几种保护有何意义?

实验二十九　三相鼠笼式异步电动机 Y -△降压启动控制

一、实验目的

（1）进一步提高按图接线的能力。

（2）了解时间继电器的结构、使用方法、延时时间的调整及在控制系统中的应用。

（3）熟悉异步电动机 Y -△降压启动控制的运行情况和操作方法。

二、原理说明

（1）时间原则控制电路的特点是各个动作之间具有一定的时间间隔。时间原则继电器使用的元件主要是时间继电器。时间继电器是一种延时动作的继电器，它从接收信号（如线圈带电）到执行动作（如触点动作）具有一定的时间间隔。此时间间隔可按需要预先整定，以协调和控制生产机械的各种动作。时间继电器的种类通常有电磁式、电动式、空气式和电子式等。其基本功能可分为两类，即通电延时式和断电延时式，有的还带有瞬时动作式的触头。

时间继电器的延时时间通常可在 0.4～80 s 范围内调节。

（2）按时间原则控制鼠笼式电动机 Y -△降压自动换接启动的控制线路如图 29 - 1 所示。

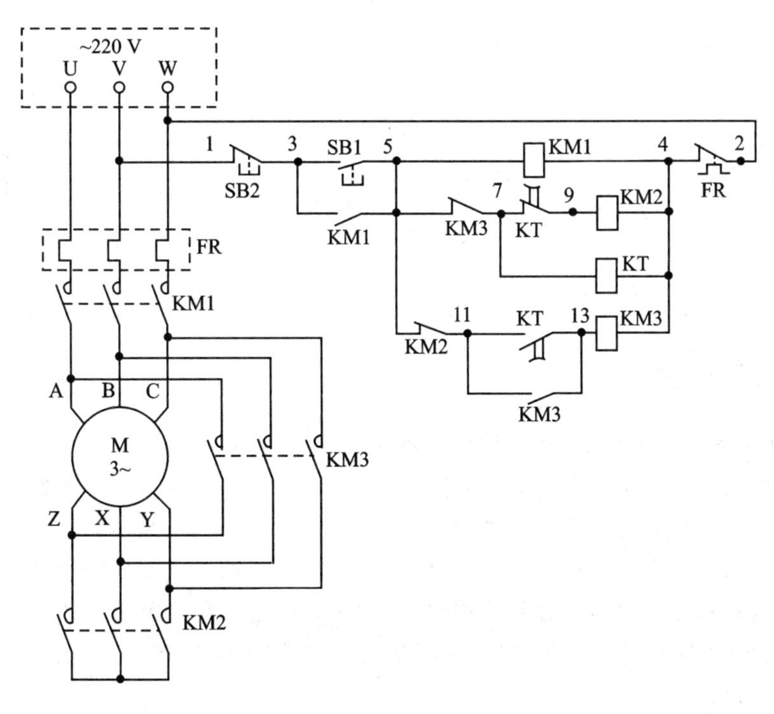

图 29 - 1

从主回路看，当接触器 KM1、KM2 主触头闭合，KM3 主触头断开时，电动机三相定子绕组作 Y 形连接；而当接触器 KM1 和 KM3 主触头闭合，KM2 主触头断开时，电动机三相定子绕组作△形连接。因此,所设计的控制线路若能先使 KM1 和 KM2 得电闭合,后经一定时间的延时,使 KM2 失电断开,而后使 KM3 得电闭合,则电动机就能实现降压启动后自动转换到正常工作运转。图 29-1 的控制线路能满足上述要求。该线路具有以下特点:

① 接触器 KM3 与 KM2 通过动断触头 KM3 的节点 5～7 和 KM2 的节点 5～11 实现电气互锁,保证 KM3 与 KM2 不会同时得电,以防止三相电源的短路事故发生。

② 依靠时间继电器 KT 延时动合触头的节点 11～13 的延时闭合作用,保证在按下 SB1 后,使 KM2 先得电,并依靠 KT 的节点 7～9 先断开,KT 的节点 11～13 后合上的动作次序,保证 KM2 先断,而后再自动接通 KM3,也避免了换接时电源可能发生的短路事故。

③ 本线路正常运行(△接)时,接触器 KM2 及时间继电器 KT 均处断电状态。

④ 由于实验装置提供的三相鼠笼式电动机每相绕组额定电压为 220 V,而 Y-△形换接启动的使用条件是正常运行时电机必须作△形接法,故实验时,应将自耦调压器输出端(U、V、W)电压调至 220 V。

三、实验设备

表 29-1 列出了三相鼠笼式异步电动机 Y-△形降压启动控制实验所需设备。

表 29-1

序号	名称	型号与规格	数量	备注
1	三相交流电源	380 V, 220 V	1	
2	三相鼠笼式异步电动机	DJ24	1	
3	交流接触器	JZC4-40	2	
4	时间继电器	ST3PA-B	1	
5	按钮		1	
6	热继电器	D9305d	1	
7	万用电表	VC 890 型	1	
8	切换开关	三刀双掷	1	

四、实验内容

1. 时间继电器控制 Y-△自动降压启动线路

观察空气阻尼式时间继电器的结构,认清其电磁线圈和延时动合、动断触头的接线端子。用手推动时间继电器衔铁模拟继电器通电吸合动作,用万用电表欧姆挡测量触头的通与断,以此来大致判定触头延时动作的时间。通过调节进气孔螺钉,即可确定所需的延时时间。

实验线路电源端接自耦调压器输出端(U、V、W),供电线电压为 220 V。

(1) 按图 29-1 线路进行接线,先接主回路,后接控制回路。要求按图示的节点编号从左到右、从上到下,逐行连接。

(2) 在不通电的情况下,用万用电表欧姆挡检查线路连接是否正确,特别注意 KM2 与 KM3 两个互锁触头 KM3 的节点 5～7 与 KM2 的节点 5～11 是否正确接入。经指导教师检查后,方可通电。

(3) 开启控制屏电源总开关,按控制屏启动按钮,接通 220 V 三相交流电源。

(4) 按启动按钮 SB1,观察电动机的整个启动过程及各继电器的动作情况,记录 Y -△形换接所需时间。

(5) 按停止按钮 SB2,观察电机及各继电器的动作情况。

(6) 调整时间继电器的整定时间,观察接触器 KM2、KM3 的动作时间是否相应地改变。

(7) 实验完毕,按控制屏停止按钮,切断实验线路电源。

2. 接触器控制 Y -△形降压启动线路

按图 29 - 2 线路接线,经指导教师检查后,方可进行通电操作。

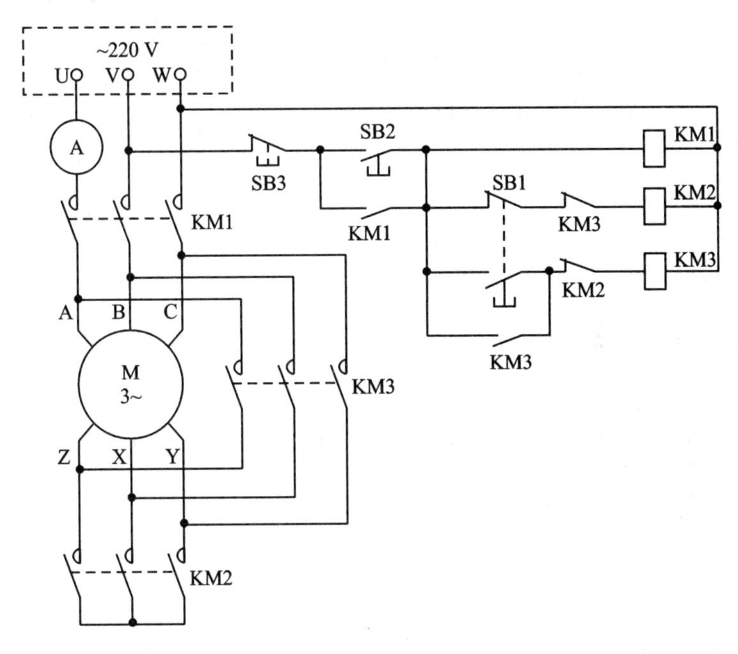

图 29 - 2

(1) 按控制屏启动按钮,接通 220 V 三相交流电源。

(2) 按下按钮 SB2,电动机作 Y 形接法启动,注意观察启动时,电流表最大读数 I_Y = ________ A。

(3) 稍后,待电动机转速接近正常转速时,按下按钮 SB2,使电动机为△形接法并正常运行。

(4) 按停止按钮 SB3,电动机断电停止运行。

(5) 先按按钮 SB2,再按按钮 SB1,观察电动机在△形接法时直接启动的电流表最大读数 $I_{\triangle}$启动 = ________ A。

(6) 实验完毕,将三相自耦调压器调回零位,按控制屏的停止按钮,切断实验线路电源。

3. 手动控制 Y -△形降压启动控制线路

按图 29 - 3 线路接线。

(1) 开关 Q2 合向上方,使电动机为△形接法。

(2) 按控制屏的启动按钮,接通 220 V 三相交流电源,观察电动机在△形接法直接启动时,电流表最大读数 $I_{\triangle启动}$ = ________ A。

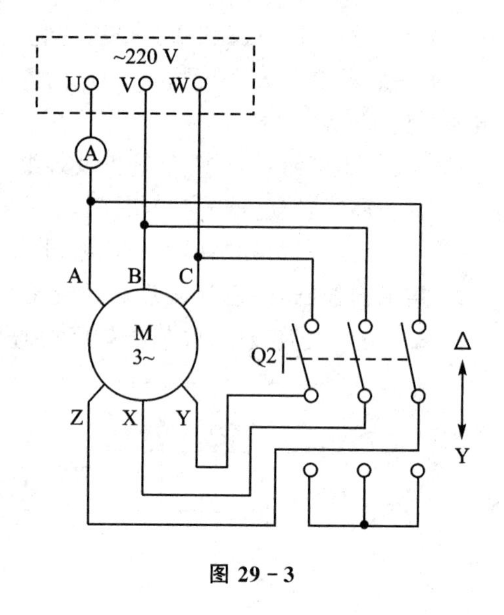

图 29-3

(3) 按控制屏的停止按钮,切断三相交流电源,待电动机停稳后,开关 Q2 合向下方,使电动机为 Y 形接法。

(4) 按控制屏的启动按钮,接通 220 V 三相交流电源,观察电动机在 Y 形接法直接启动时,电流表最大读数 $I_{Y启动}$ = ________ A。

(5) 按控制屏的停止按钮,切断三相交流电源,待电动机停稳后,操作开关 Q2,使电动机作 Y-△形降压启动。

① 先将 Q2 合向下方,使电动机 Y 形接法,按控制屏的启动按钮,记录电流表最大读数,即 $I_{Y启动}$ = ________ A。

② 待电动机接近正常运转时,将 Q2 合向上方的△形运行位置,使电动机正常运行。实验完毕后,将自耦调压器调回零位,按控制屏的停止按钮,切断实验线路电源。

五、实验注意事项

(1) 注意安全,严禁带电操作。

(2) 只有在断电的情况下,方可用万用电表欧姆挡来检查线路的接线正确与否。

六、预习思考题

(1) 采用 Y-△形降压启动时对鼠笼电动机有何要求。

(2) 如果要用一只断电延时式时间继电器来设计异步电动机的 Y-△形降压启动控制线路,试问 3 个接触器的动作顺序应作如何改动,控制回路又应如何设计?

(3) 控制回路中的一对互锁触头有何作用?若取消这对触头对 Y-△形降压换接启动有何影响,可能会出现什么后果?

(4) 降压启动的自动控制线路与手动控制线路相比较,有哪些优点?

第二部分　附　录

附录一　电测量指示仪表概论

1.1　电测量指示仪表的基本知识

能直接指示被测量大小的仪表叫指示仪表。测量电压、电流、功率、电阻、功率因数和频率等电量的指示仪表叫电测量指示仪表,简称电工仪表。由于电测量指示仪表具有结构简单、稳定可靠、价格低廉和维修方便等一系列优点,所以在生产实际和教学、科研中得到广泛的应用。

1. 电测量指示仪表的分类

电测量指示仪表的种类很多,分类方法各异,但主要有以下几种:

① 按仪表的工作原理分有磁电系、电磁系、电动系、感应系和静电系等。本附录重点介绍前面三种仪表的基本结构、工作原理和使用方法。

② 按被测电量的名称(或单位)分有电流表(安培表、毫安表和微安表)、电压表(伏特表、毫伏表)、功率表(瓦特表)、电度表、相位表(或功率因数表)、频率表、兆欧表以及其他多种用途的仪表,如万用表等。

③ 按被测电流的种类分有直流表、交流表和交直流两用表。

④ 按使用方式分有开关板式与便携式仪表。开关板式仪表(又称板式表)通常固定安装在开关板或某一装置上,一般误差较大(准确度较低),价格也较低,适用于一般工业测量。便携式仪表误差较小(准确度较高),价格较贵,适合于实验室使用。

⑤ 按仪表的准确度分有 0.1、0.2、0.5、1.0、1.5、2.5 和 5.0 共七个等级。

此外,按仪表对电磁场的防御能力可分为Ⅰ、Ⅱ、Ⅲ、Ⅳ共四级;按仪表的使用条件可分为A、B、C 三组。

2. 电测量指示仪表的组成及工作原理

(1) 仪表的组成

电测量指示仪表的种类很多,但是它们的主要作用都是将被测电量变换成仪表活动部分的偏转角位移。为了将被测量变换成指针的角位移,电测量指示仪表通常由测量机构和测量线路两部分组成。

测量线路的作用是将被测量 x(如电压、电流、功率等)变换成为测量机构可以直接测量的电磁量。如电压表的附加电阻、电流表的分流器电路等都属于测量线路。

测量机构是仪表的核心部分,仪表的偏转角位移就是靠它实现的。

电测量仪表的组成可以用附图 1.1.1 所示的方框图来表示。

(2) 仪表测量机构的结构及工作原理

仪表的测量机构可分为活动部分及固定部分。用以测量被测量数值的指针或光标指示器

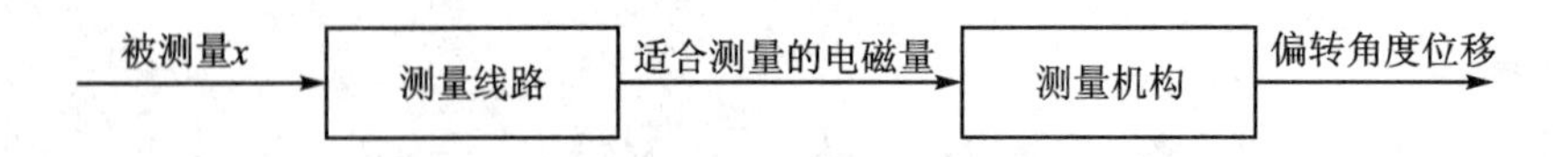

附图 1.1.1　电测量指示仪表的组成方框图

就装在活动部分上。

测量机构的主要作用是产生下述各种力矩。

1）产生转动力矩

要使仪表的指针转动，在测量机构内必须有转动力矩作用在仪表的活动部分上。转动力矩一般是由电磁场和电流（或铁磁材料）的相互作用产生的（静电系仪表则由电场力形成）。而磁场的建立可以利用永久磁铁，也可以利用通有电流的线圈。

常用的几种电测量指示仪表的转动力矩产生的方式如下：

① 磁电系仪表中，固定的永久磁铁的磁场与通有直流电流的可动线圈之间的相互作用产生转动力矩。

② 电磁系仪表中，通有电流的固定线圈的磁场与铁片的相互作用（或处在磁场中的两个铁片的相互作用）产生转动力矩。

③ 电动系仪表中，通有电流的固定线圈的磁场与通有电流的可动线圈的相互作用产生转动力矩。

④ 感应系仪表中，通有交流电流的固定线圈的磁场与在可动铝盘中所感应的电流的相互作用产生转动力矩。

转动力矩的大小通常是被测量 x 与偏转角位移 α 的函数，即

$$M = F_1(x, \alpha)$$

2）产生反作用力矩

如果一个仪表仅有转动力矩作用在活动部分上，则不管被测量为何值，活动部分都会偏转到满刻度位置，直到不能再转动为止，因而无法分辨出被测量的大小。因此，在指示仪表的活动部分上必须施加“反作用力矩”。反作用力矩 M_α 的方向与转动力矩相反，而大小是仪表活动部分偏转角位移 α 的函数，即

$$M_\alpha = F_2(\alpha)$$

测量时，转动力矩作用于仪表的活动部分上，使它发生偏转，同时反作用力矩也作用在活动部分上，且随着偏转角度的增大而增大。当转动力矩与反作用力矩相互平衡时，指针就停止下来，指示出被测量的数值。

在电测量指示仪表中产生反作用力矩的办法有以下两种：

① 利用机械力：利用“游丝”在形变后具有的恢复原状的弹力产生反作用力矩，在仪表中用得很多。此外，可以利用悬丝或张丝的扭力产生反作用力矩。仪表的活动部分在使用悬丝或张丝支撑后，可以不再需要转轴和轴承，消除了其中的摩擦影响，使仪表测量机构的性能得到很大的改善。目前这种方法得到了广泛的应用。

② 利用电磁力：和利用电磁力产生转动力矩的办法一样，可以利用电磁力产生反作用力矩，这就构成了“比率表”（或称流比计）一类仪表。如磁电系比率表构成了兆欧表，电动系比率表构成了相位表及频率表等。此外，可以利用磁场中导体的涡流作用产生反作用力矩（如感应

系仪表）。

3）产生阻尼力矩

从理论上讲，在指示仪表中，当转动力矩和反作用力矩相互平衡时，仪表指针应静止在某一平衡位置。但是，由于仪表活动部分具有惯性，它不能立刻静止下来，而是在这个平衡位置左右摆动，这种情况将造成读数的困难。为了缩短这个摆动时间，必须使仪表的活动部分在运动过程中受到一个与运动方向相反的力矩的作用，以便更快地静止下来，这种力矩通常称为阻尼力矩。阻尼力矩只在运动过程中产生，当活动部分静止时，便自动消失，因此它不影响测量的结果。产生阻尼力矩的装置称为阻尼器，电测量指示仪表常用的阻尼器有下列两种：

① 空气阻尼器：空气阻尼器是利用仪表活动部分在运动过程中带动阻尼箱内的阻尼叶片运动时所受到的空气阻力作用来产生阻尼力矩的。

② 磁感应阻尼器：磁感应阻尼器是利用仪表的活动部分在运动过程中带动金属阻尼叶片切割永久磁铁的磁力线而产生阻尼力矩的。

在仪表测量机构中，转轴和轴承之间还存在着摩擦力矩，这一力矩的方向和活动部分的运动方向相反，大小也不恒定。因此，它将影响活动部分的稳定偏转位置，它是仪表基本误差的来源之一。

总的来说，转动力矩和反作用力矩是仪表内部的一对主要力矩，两者的相互作用决定了仪表的稳定偏转位置。由于产生转动力矩的方法不一，机构也各有不同，从而构成了各种不同类型的仪表。

3. 电测量指示仪表的误差及准确度

（1）仪表误差的分类

任何一个仪表在测量时都有误差。该误差说明仪表的指示值和被测量的实际值之间的差异程度。而准确度则说明仪表的指示值与被测量的实际值相符合的程度。误差越小，准确度越高。

根据引起误差的原因，可将误差分为两种：

1）基本误差

指示仪表在规定的正常条件下进行测量时所具有的误差。它是仪表本身所固有的，即由于结构上和制作上不完善而产生的。所谓仪表的正常工作条件是指：

① 仪表指针调整到零点；

② 仪表按规定的工作位置安放；

③ 仪表在规定的温度、湿度下工作；

④ 除地磁场外，没有外来电磁场；

⑤ 对于交流仪表，输入信号波形是正弦波，信号频率为仪表的正常工作频率。

2）附加误差

当仪表不是在正常工作条件下工作时，除了上述基本误差外所出现的误差。例如温度、外磁场等不符合仪表正常工作条件时，都会引起附加误差。

（2）仪表误差的几种表示形式

仪表误差的大小可用绝对误差、相对误差和引用误差来表示。

① 绝对误差：仪表指示的数值（以下简称“示值”）A 和被测量的实际值 A_0 之间的差值叫做仪表的绝对误差，用 Δ 表示，即

$$\Delta = A - A_0 \tag{1.1.1}$$

被测量的实际值可由标准表(用来检定工作仪表的高准确度仪表)指示。

绝对误差的单位与被测量的单位相同。

② 相对误差:测量不同大小的被测量的值时,用绝对误差难以比较测量结果的准确度,这时要用相对误差来表示。

相对误差是绝对误差与被测量的实际值之间的比值,通常用百分数来表示,即

$$\gamma = \frac{\Delta}{A_0} \times 100\% \approx \frac{\Delta}{A} \times 100\% \tag{1.1.2}$$

例如,用同一只电压表测量实际值为100 V的电压时,若指示为101 V;测量实际值为20 V的电压时,若指示为19.2 V伏,则相对误差分别为

$$\gamma_1 = \frac{\Delta}{A_0} = \frac{A - A_0}{A_0} = \frac{(101 - 100)\ \text{V}}{100\ \text{V}} \times 100\% = +1\%$$

$$\gamma_2 = \frac{\Delta}{A_0} = \frac{A - A_0}{A_0} = \frac{(19.2 - 20)\ \text{V}}{20\ \text{V}} \times 100\% = -4\%$$

可见,虽然测量20 V电压时的绝对误差小些,但它对测量结果的影响却大些,占了测量结果的$|-4\%|$。在工程上,凡是要求计算测量结果时,一般都用相对误差来表示。

③ 引用误差:相对误差虽然可以说明测量结果的准确度,衡量测量结果和被测量实际值之间的差异程度,但还不足以用来评价指示仪表的准确度。这是因为同一个仪表的绝对误差在刻度的范围内变化不大,而近似于常数;这样就使得在仪表标度尺的各个不同的部位,相对误差不是一个常数,而且变化很大。

例如,一只测量范围为0~250 V的电压表,若在标度尺的"200 V"处的绝对误差为+2 V,则该处的相对误差γ_1为1.0%$\left(\gamma_1 = \frac{2\ \text{V}}{200\ \text{V}} \times 100\% = +1.0\%\right)$;若在标度尺的"10 V"处的绝对误差为+1.8 V,则该处的相对误差γ_2为18%$\left(\gamma_2 = \frac{1.8\ \text{V}}{10\ \text{V}} \times 100\% = 18\%\right)$。比较$\gamma_1$和$\gamma_2$,可以看出,用相对误差来表示仪表基本误差的大小是不合适的。

γ_1、γ_2之所以变化很大,主要是在计算相对误差时分子接近于一个常数,而分母却是一个变数的缘故。如果用指示仪表的上限(量限、量程)作分母,就解决了上述问题,因此指示仪表的准确度通常采用"引用误差"来表示。

引用误差是绝对误差与仪表上限比值的百分数,即

$$\gamma_m = \frac{\Delta}{A_m} \times 100\% \tag{1.1.3}$$

实际上,由于仪表各指示值的绝对误差不一定相等,其值有大有小,符号有正有负,为了评价仪表在准确度方面是否合格,式(1.1.3)中的分子应该取标度尺工作部分所出现的最大绝对误差,即

$$\gamma_{max} = \frac{\Delta_m}{A_m} \times 100\% \tag{1.1.4}$$

式中,γ_{max}为最大引用误差或仪表的允许误差;Δ_m为仪表指示值的最大绝对误差。

(3) 仪表的基本误差及准确度

根据国家标准(电测量指示仪表通用技术条件)规定,引用误差用来表示仪表的基本误差,

表示仪表的准确度的等级。仪表在规定条件下工作时，在它的标度尺工作部分的所有分度线上，可能出现的基本误差的百分数值，称为仪表的准确度等级。各等级准确度的指示仪表在规定条件下使用时的基本误差不许超过仪表准确度等级的数值，如附表1.1.1所列。

附表1.1.1

仪表的准确度等级	0.1	0.2	0.5	1.0	1.5	2.5	5.0
基本误差/%	±0.1	±0.2	±0.5	±1.0	±1.5	±2.5	±5.0

由表可见，准确度等级的数值越小，允许的基本误差越小，表示仪表的准确度越高。

从式(1.1.4)不难看出，在只有基本误差影响的情况下，仪表准确度等级的数值α与最大引用误差的关系是

$$\alpha \geqslant \frac{|\Delta_m|}{A_m} \times 100\%$$

在极限的情况下，仪表允许的最大绝对误差Δ_m为

$$\Delta_m = \pm\alpha \times A_m$$

由此可以求出应用仪表测量某一被测量x时可能出现的最大相对误差γ_m为

$$\gamma_m = \frac{\Delta_m}{A_x} \times 100\% = \frac{\pm\alpha \cdot A_m}{A_x} \times 100\% \tag{1.1.5}$$

从式(1.1.5)可以看出，仪表的准确度对测量结果的准确度影响很大。但一般说来，仪表的准确度并不就是测量结果的准确度，后者还与被测量的大小有关，只有仪表运用在满刻度偏转时，测量结果的准确度才等于仪表的准确度。因此，切不要把仪表的准确度与测量结果的准确度混在一起。

4. 电测量指示仪表的主要技术要求

为保证测量结果准确可靠，必须对测量仪表提出一定的质量要求。根据国家标准规定，对于一般电测量指示仪表来说，主要有下列几方面的要求：

(1) 有足够的准确度

仪表的基本误差应与该仪表所标明的准确度等级相符。也就是说，在仪表标度尺“工作部分”的所有分度线上，仪表的基本误差都不应超过附表1.1.1的规定。

(2) 变差要小

在外界条件不变的情况下，进行重复测量时，对应于仪表同一个示值的被测量实际值之间的差值称为“示值的变差”。

对于指示仪表，当被测量由零值向上限方向平稳增加与由上限向零值方向平稳减小时，对应于同一个分度线的两次读数的被测量实际值之差称为“示值的升降变差”，简称“变差”，即

$$\Delta_v = |A_0'' - A_0'|$$

式中，A_0''为平稳增加时测得的实际值；A_0'为平稳减小时测得的实际值。

对一般电测量指示仪表，升降变差不应超过基本误差的绝对值。

(3) 受外界影响小

当外界因素如温度、外磁场等影响量变化超过仪表规定的条件时，所引起的仪表的示值的变化越小越好。

(4) 仪表本身所消耗的功率要小

在测量过程中,仪表本身必然要消耗一部分功率。当被测电路功率很小时,若仪表所消耗的功率太大,将使电路工作情况改变,从而引起误差。

(5) 要具有适合于被测量的灵敏度

要求灵敏度高,对于各项精密电磁测量工作是非常重要的。它反映仪表能够测量的最小被测量值。

(6) 要有良好的读数装置

在测量工作中,一般要求标尺分度均匀,便于读数。

对于不均匀的标度尺,应标有黑圆点,表示从该黑圆点起,才是该标度尺的“工作部分”。按规定,标度尺工作部分的长度不应小于标度尺全长的85%。

(7) 有足够高的绝缘电阻、耐压能力和过载能力

为了保证使用上的安全,仪表应有足够高的绝缘电阻和耐压能力。

5. 电测量指示仪表的正确使用

使用电测量指示仪表时,必须使仪表有正常的工作条件,否则会引起一定的附加误差。例如,使用仪表时,应使仪表按规定的位置放置;仪表要远离外磁场;使用前应使仪表的指针指到零位,如果仪表指针不在零位时,则可调节调零器使指针指到零位。此外,在进行测量时,必须注意正确读数。也就是说,在读取仪表的指示值时,应该使观察的视线与仪表标尺的平面垂直。如果仪表标尺表面上带有镜子的话,在读数时就应该使指针盖住镜子中的指针影子,这样就可以大大减小和消除读数误差,从而提高读数的准确性。在附图1.1.2中表示了正确的读数位置。

读数时,如指针所指示的位置在两条分度线之间,可估计一位数字。如附图1.1.3中用电压表测量时,指针指在32~33 V之间,可以大致估计读作32.5 V。若追求读出更多的位数,超出仪表准确度的范围,便成为没有意义的了。反之,如果记录位数太少,以致低于测量仪表所能达到的准确度,也是不对的。

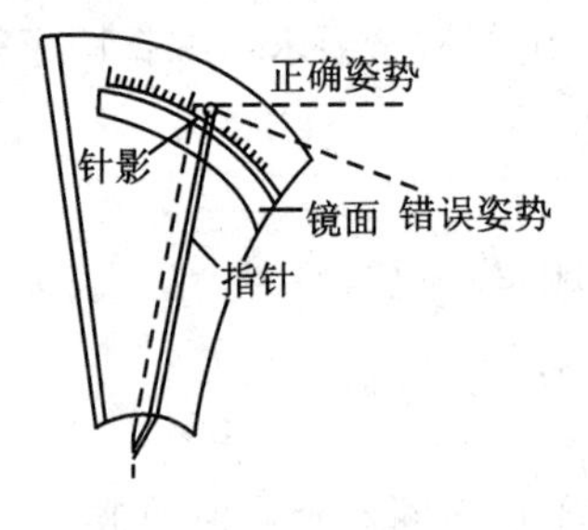

附图1.1.2 正确读数示意图

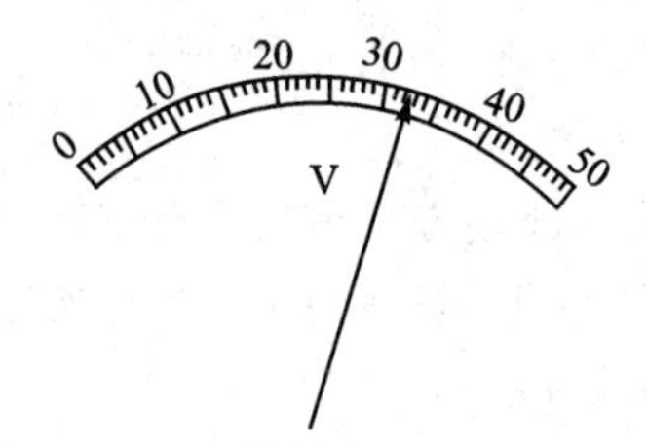

附图1.1.3 仪表读数

6. 电测量指示仪表的表面标记

在每一个电测量指示仪表的表面上都有多种符号的表面标记,它们显示了仪表的基本技术特性。这些符号表示了该仪表的类型、型号、被测量的单位、准确度等级、正常工作位置、防御外磁场的等级和绝缘强度等。

附图1.1.4中的表面上的符号说明可参看附表1.1.2。该表是T19-A型,交直流两用、电磁系测量机构、准确度等级为0.5、防御外磁场的能力是II级、绝缘强度试验电压是2 kV,使用时要水平放置。

现将常见的电测量指示仪表表面标记的符号列于附表1.1.2中。

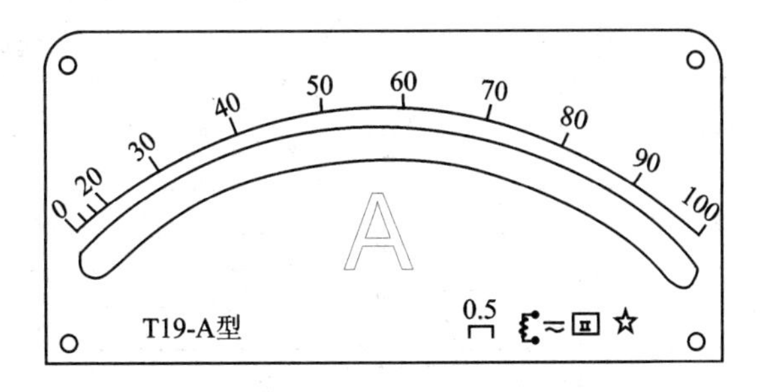

附图 1.1.4　T19－A 型电流表的表面标记

附表 1.1.2

A. 测量单位的名称、符号			
名　称	符　号	名　称	符　号
千　安	kA	太[拉]欧	TΩ
安　培	A	兆　欧	MΩ
毫　安	mA	千　欧	kΩ
微　安	μA	欧　姆	Ω
千　伏	kV	毫　欧	mΩ
伏　特	V	微　欧	μΩ
毫　伏	mV	相位角	φ
微　伏	μV	功率因数	$\cos\varphi$
兆　瓦	MW	无功功率因数	$\sin\varphi$
千　瓦	kW	库　仑	C
瓦　特	W	毫韦伯	mWb
兆　乏	Mvar	毫特斯拉	mT
千　乏	kvar	微　法	μF
乏	var	皮　法	pF
兆　赫	MHz	亨	H
千　赫	kHz	毫　亨	mH
赫　兹	Hz	微　亨	μH
B. 仪表工作原理的图形符号			
名　称	符　号	名　称	符　号
磁电系仪表	或	铁磁电动系仪表	
磁电系比率表		铁磁电动系比率表	
电磁系仪表		感应系仪表	
电磁系比率表		静电系仪表	
电动系仪表		整流式仪表	
电动系比率表		热电式仪表	

续附表 1.1.2

C. 电流种类的符号			
名　称	符　号	名　称	符　号
直　流		交流(单相)	
交直流		三相交流	
D. 准确度等级的符号			
名　称	符　号	名　称	符　号
以标度尺量程百分数表示,例如 1.5 级	1.5	以指示值的百分数表示,例如 1.5 级	1.5
以标度尺长度百分数表示,例如 1.5 级	1.5		
E. 工作位置的符号			
名　称	符　号	名　称	符　号
标度尺位置为垂直的		标度尺位置与水平面倾斜成一角度,例如 60°	60°
标度尺位置为水平的			
F. 绝缘强度的符号			
名　称	符　号	名　称	符　号
不进行绝缘强度试验		绝缘强度试验电压为 2 kV	2
G. 端钮、调零器的符号			
名　称	符　号	名　称	符　号
负端钮		与外壳相连的端钮	
正端钮		与屏蔽相连的端钮	
公共端钮(多量程仪表和复用电表)		调零器	
接地用的端钮			
H. 按外界条件分组的符号			
名　称	符　号	名　称	符　号
Ⅰ级防外磁场(例如磁电系)		Ⅳ级防外磁场及电场	Ⅳ　Ⅳ
Ⅰ级防外电场(例如静电系)		A 组仪表	不标注
Ⅱ级防外磁场及电场	Ⅱ　Ⅱ	B 组仪表	B
Ⅲ级防外磁场及电场	Ⅲ　Ⅲ	C 组仪表	C

1.2　磁电系仪表

磁电系仪表在电测量指示仪表中占有极其重要的地位，应用广泛。如用于直流电路中测量电流和电压；加上整流器时，用来测量交流电流和电压；加上变换器时，用于多种非电量（例如磁量，温度、压力等）的测量；采用特殊结构时，还可以制成检流计，用来测量极其微小的电流。

1. 磁电系仪表的结构与基本工作原理

磁电系仪表通常又称动圈式仪表，它是一种利用载流可动线圈在固定的永久磁铁磁场中受作用力而工作的仪表。附图 1.2.1 所示是磁电系测量机构的一种结构形式。图中永久磁铁 1、磁轭 2、极掌 3 和圆柱形铁芯 4 组成了固定的磁路。由于极掌和圆柱形铁芯加工和安装成同心的，因此，它们之间所形成的空气隙是均匀的。这样，在气隙中，将得到很强的辐射状的均匀磁场。

安放在气隙中的动圈 5，是一个用绝缘细导线绕制的矩形线圈。这个线圈，有的用铝质做骨架，有的则没有。

附图 1.2.1 中 6 表示两盘游丝，它们的盘绕方向相反，内端和轴固接，外端固定在支架上。在这种仪表中，游丝不但用来产生反作用力矩，并且还可以通过它们向线圈引入和导出电流。

在转轴上装有平衡锤 7，它可以调节可动部分的机构平衡，使可动部分的重心落到转轴上，否则会造成不平衡误差。

磁分路 8 是由软铁做成的，它横跨在极掌的侧面。移动磁分路的位置可以改变由它分出的那部分磁通，从而在一定范围内改变了工作气隙中的磁感应强度。

当动圈中通入电流 I 时，动圈与磁场方向垂直的每边导线受到电磁力的作用，其一边受力的大小为

$$F = NBlI$$

式中，N 为动圈的匝数，B 为空气隙磁场的磁感应强度，l 为处在磁场内与磁场方向垂直的动圈长边部分的长度。

由附图 1.2.2 可见，电磁力使动圈转动，其转动力矩为

$$M = 2F \times \frac{b}{2} = NBlIb = NBSI$$

式中，b 为动圈的宽度，S 近似等于动圈的面积，即 $S = lb$。

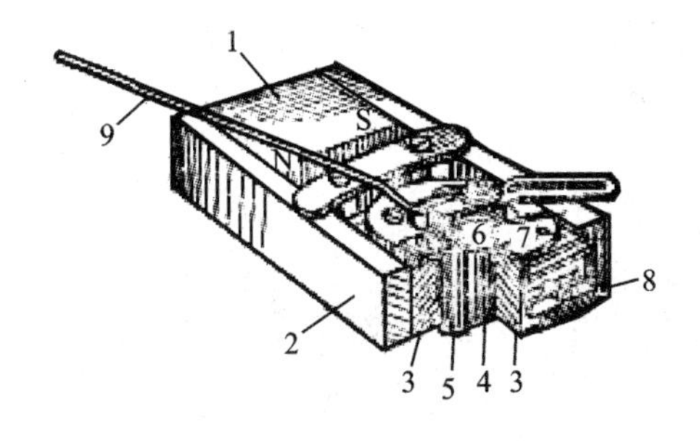

附图 1.2.1　磁电系测量机构

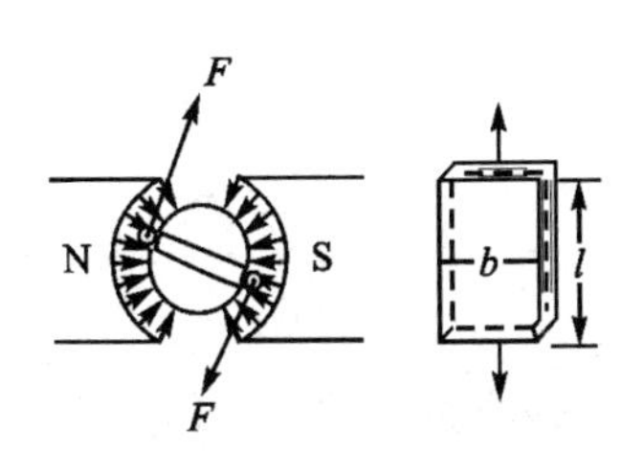

附图 1.2.2　磁电系测量机构产生作用力矩的示意图

在转动力矩的作用下,动圈按一定的方向转动,旋紧或放松游丝,使反作用力矩增加。当反作用力和转动力矩力相等时,有

$$M_\alpha = M$$

若指针偏转角为 α,则游丝产生的反作用力矩 M_α 为

$$M_\alpha = W_\alpha$$

即

$$W_\alpha = NBSI$$

所以

$$\alpha = \frac{NBS}{W} I = S_I I$$

式中,$S_I = \frac{NBS}{W}$是磁电系测量机构对电流的灵敏度;α 为仪表可动部分的偏转角;W 为游丝、张丝或悬丝的弹性系数。

已做好的仪表中,N、B、S 及 W 都是一定的,S_I 是一个常数,所以偏转角 α 与通入线圈的电流成正比。磁电系测量机构可以用来测量电流;如果此电流与外加电压成正比,也可以用来测量电压。

2. 磁电系电流表

上述磁电系测量机构可做成电流表,直接用来测量电流。但是,由于动圈的导线很细,电流又需要经过游丝,所以允许通过的电流是很小的,一般在几十微安级至几十毫安级范围内。通常只用来做检流计、微安表和小量程的毫安表。

为了扩大磁电系测量机构的量程,以测量较大的电流,需用与动圈并联电阻的方法,使大部分电流从并联电阻中流过,而动圈只流过其允许通过的电流。这个并联的电阻就叫做分流电阻或分流器,用 R_S 表示,如附图 1.2.3 所示。附图中 R_g 为测量机构内阻。

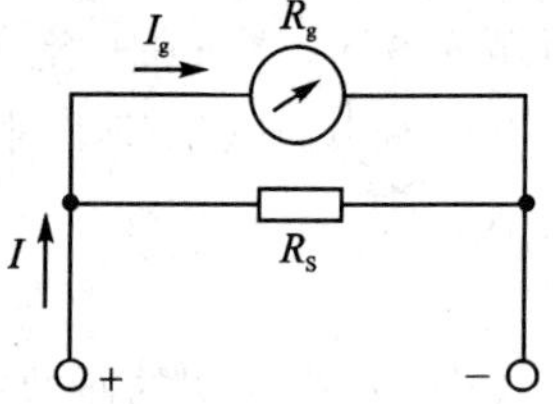

附图 1.2.3 电流表的分流

并联分流电阻 R_S 后,测量机构中的电流 I_g,与被测电流 I 有一定的比例关系。因为

$$I_g R_g = I \frac{R_g \cdot R_S}{R_g + R_S}$$

所以

$$I_g = I \frac{R_S}{R_g + R_S} \tag{1.2.1}$$

由式(1.2.1)可见,测量机构中的电流 I_g 与被测电流 I 成正比,仪表可以直接按扩大量程后的电流作出刻度。而分流电阻 R_S,可按下式计算:

$$\frac{R_g + R_S}{R_S} = \frac{I}{I_g} = n$$

所以

$$R_S = \frac{1}{n-1} R_g \tag{1.2.2}$$

式中,$n = \frac{I}{I_g}$是量程的扩大倍数。

式(1.2.2)说明,将磁电系测量机构的量程扩大成 n 倍的电流表时,分流电阻 R_S 应为磁电系测量机构内阻 R_g 的$\frac{1}{n-1}$。

在一个仪表中采用不同大小的分流电阻，便可以制成多量程的电流表。附图 1.2.4 是具有两个量程的电流表的内部电路。分流电阻 $R_{S1}R_{S2}$ 的大小可用上述原则计算确定。

分流电阻用锰铜丝绕成。它的温度系数很小以及对铜的热电势低，可以在一定温升范围内保证足够的准确度。

3. 磁电系电压表

磁电系测量机构的角位移 α 与电流成正比，而测量机构的电阻一定时，α 又与其两端的电压成正比，将测量机构和被测电压并联时，就能测量电压。但由于磁电系测量机构的内阻不大，允许通过的电流又小，因此测量电压的范围也就很小（毫伏级）。为了测量较高的电压，可用一只较大的电阻与测量机构串联，这个电阻叫做分压电阻，用 R_d 表示，如附图 1.2.5 所示。

串联附加电阻以后，通过测量机构的电流为

$$I_g = \frac{U}{R_g + R_d}$$

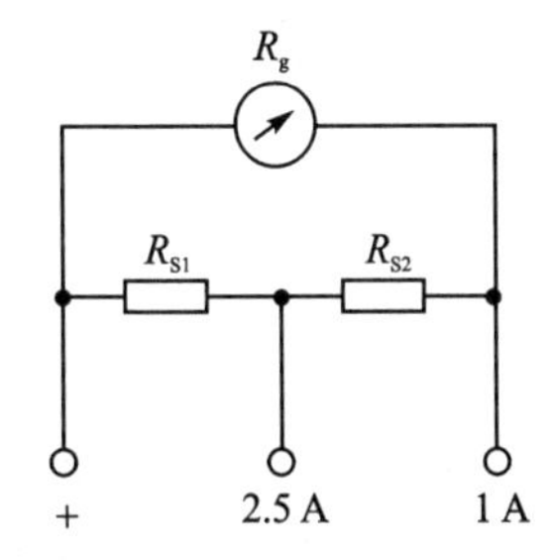

附图 1.2.4　两个量程的电流表的内部测量电路

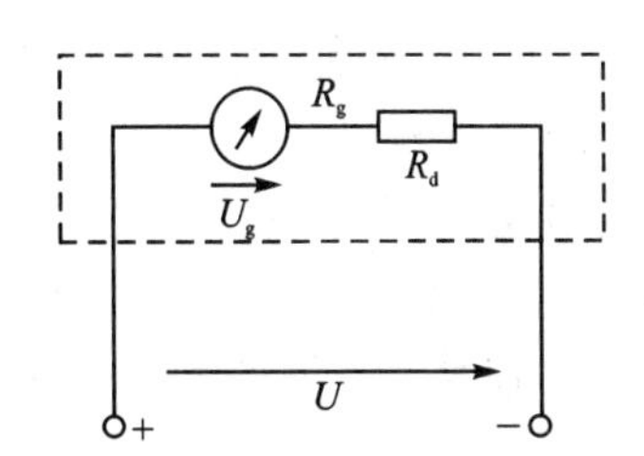

附图 1.2.5　电压表的附加电阻

它与被测电压 U 成正比，仪表的偏转可以直接指示被测电压，并按扩大量程后的电压值作出刻度。

附加电阻的大小可以根据扩大量程的要求来选择。因为

$$\frac{U}{U_g} = \frac{R_g + R_d}{R_g} = m$$

所以

$$R_d = (m - 1)R_g \tag{1.2.3}$$

式中，$m = \dfrac{U}{U_g}$是电压量程的扩大倍数。

式(1.2.3)说明，将磁电系测量机构的量程扩大成 m 倍的电压表，需要串联的附加电阻 R_d 应为磁电系测量机构内阻 R_g 的$(m-1)$倍。

电压表也可以制成多量程的，只要按照式(1.2.3)的要求串联几个不同附加电阻即可。其内部接线如附图 1.2.6 所示。

用电压表测量电压时，电压表内阻越大，对被测电路影响越小。电压表各量程的内阻与相应电压量程的比值为一常数，这常数通常在电压表的表面上标明，其单位为欧/伏($\Omega \cdot V^{-1}$)，它是电压表的一个重要参数。

例如，量程为 30 V 的电压表，内阻为 15 000 Ω，则该电压表内阻参数可表为 500 Ω/V，读作每伏 500 欧[姆]。

4. 磁电系仪表的主要优缺点

(1) 主要优点

① 准确度高:磁电系仪表精度一般可达0.1级～0.05级。

② 灵敏度高:因为磁电系测量机构内部的磁场很强,动圈只需要通过很小的电流,就能产生足够大的转动力矩。例如AC-9型悬丝支撑光标指示的磁电系检流计的满刻度偏转电流约为450×10^{-10} A。

③ 影响程度:受外界磁场及温度的影响小。

④ 功率消耗小:因为磁电系电压表的内阻很高,通过仪表的电流很小,电压量程一定时,仪表的功率消耗就很小。同样,由于电流表的内阻很小,电流量程一定时,仪表的功率消耗就很小。

⑤ 刻度与读数:磁电系电流表、电压表的刻度均匀,读数方便。

(2) 主要缺点

① 由于被测电流通过游丝和动圈,而游丝和动圈的导线都很细,若电流过载,容易引起游丝过热而产生弹性系数变化或动圈损坏,故过载能力差。

② 不能直接测量交流量。

③ 结构复杂,成本较高。

近年来由于优质硬磁材料(制造永久磁铁用的磁钢)的发展,"内磁式"磁电系仪表得到了广泛应用,特别是在开关板式仪表中。从附图1.2.7所示的内磁式仪表结构示意图可知,它和一般的"外磁式"的区别是永久磁铁在动圈的里面,也就是附图1.2.1中的圆柱形铁芯由原来的软磁性材料,换成了一个永久磁铁,而其余部分的磁路则换成了软磁材料。它与外磁式仪表比较,具有磁屏蔽好、磁能利用率高、节省材料、仪表尺寸小和成本低等优点。

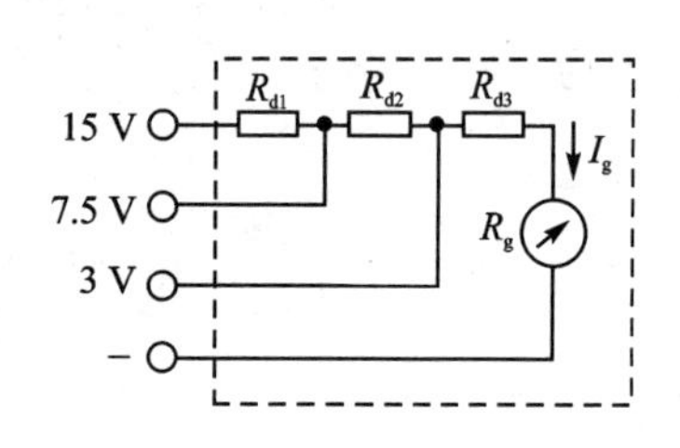

附图1.2.6 多量程电压表测量线路

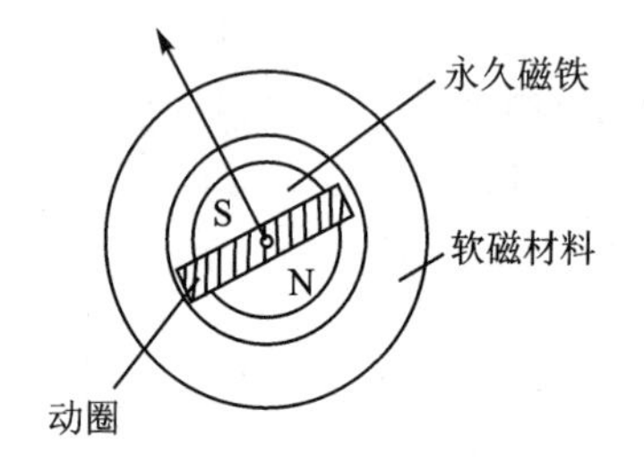

附图1.2.7 内磁式磁电系仪表结构示意图

1.3 数字式万用表

1. VC 890D/VC 890C+系列仪器表概况

(1) 概　述

VC 890D/VC 890C+系列仪表是一种性能稳定、用电池驱动的高可靠性数字多用表。仪表采用40 mm字高的LCD显示器,读数清晰且更加方便使用。

此系列仪表可用来测量直流电压和交流电压、直流电流和交流电流,电阻、电容,二极管、三极管及其通断测试,测量温度、自动开启与关闭和背光功能等参数。整机以双积分A/D转换为核心,是一台性能优越的工具仪表,是实验室、工厂、无线电爱好者的理想工具。

(2) 安全事项

① 各量程测量时,禁止输入超过量程的极限值。

② 36 V 以下的电压为安全电压,在测高于 36 V 直流、25 V 交流电压时,要检查表笔是否可靠接触,是否正确连接,是否绝缘良好等,以避免电击。

③ 更换测量功能和量程时,表笔应离开测试点。

④ 选择正确的功能和量程,谨防误操作。该系列仪表虽然有全量程保护,但为了安全起见,仍请用户多加注意。

⑤ 在电池没有装好和后盖没有上紧时,请不要使用此表进行测试工作。

⑥ 测量电阻时,请勿输入电压值,即断电测量。

⑦ 在更换电池或保险丝前,请将测试表笔从测试点移开,并关闭电源开关。

(3) 特　性

1) 一般特性

① 显示方式:LCD 液晶显示。

② 最大显示:1999(3 1/2 位)自动极性显示。

③ 测量方式:双积分式 A/D 转换。

④ 操作不断电功能。

⑤ 采用面板调试技术。

⑥ 采样速率:约每秒 3 次。

⑦ 超量程显示:最高位显"OL"。

⑧ 低电压显示。

⑨ 工作环境 0～40 ℃,相对湿度＜80％。

⑩ 电源:一只 9 V 电池(NEDA1604/6F22 或同等型号)。

⑪ 体积(尺寸):175 mm×93 mm×55 mm。

⑫ 重量:约 400 g(包括 9 V 电池的质量)。

2) 技术特性

① 准确度:±(a％×读数＋字数);保证准确度环境温度:(25±5)℃,相对湿度＜75％。

② 技术指标:

- 直流电压(DCV);
- 交流电压真有效值(ACV);
- 直流电流(DCA);
- 交流电流(ACA);
- 电阻;
- 电容;
- 温度;
- 二极管及通断测试;
- 晶体三极管 hFE 参数测试。

(4) 使用方法

1) 操作面板说明

① 型号栏。

② 液晶显示器:显示仪表测量的数值。

③ 发光二极管:通断检测时报警用。

④ 旋钮开关:用于改变测量功能、量程以及控制开关。

⑤ 20 A电流测试插座。

⑥ 200 mA电流测试插座正端。

⑦ 电容、温度、“－”极插座及公共地。

⑧ 电压、电阻、二极管“＋”极插座。

⑨ 三极管测试座:测试三极管输入口。

⑩ 背光灯、自动关机开关。

2) 直流电压测量

① 将黑表笔插入“COM”插座,红表笔插入“V/Ω”插座。

② 将量程开关转至相应的DVC量程上,然后将测试表笔接在被测电路上,红表笔所接的该点电压与极性显示在屏幕上。

注　意:

- 如果未知被测电压值的范围,应将量程开关转到最高的挡位,然后根据显示值转至相应的挡位上。
- 如屏幕显示“OL”,表明已超过量程范围,须将量程开关转至较高挡位上。
- 在测试电容前,屏幕显示值可能尚未回到零,残留读数会逐渐减小,但可以不予理会,它不会影响测量的准确度。
- 大电容挡测量严重漏电或击穿电容时,将显示一些数值且不稳定。
- 在测试电容容量之前,必须对电容充分放电,以防止损坏仪表。
- 电容单位:1 μF＝1 000 nF, 1 nF＝1 000 pF。

2. VC 890D/VC 890C＋系列仪器的测量用途

(1) 二极管及通断测试

① 将黑表笔插入“COM”插座,红表笔插入“V/Ω”插座(注意:红表极性为“＋”极)。

② 将量程开关转至“➔⊢ ·)))”挡,并将表笔连接到待测二极管,读得的数为二极管正向压降的近似值。

③ 将表笔连接到待测线路的两点,如果两点之间电阻值低于30 Ω,则内置的蜂鸣器发声。

(2) 温度测量(仅VC 890C仪表)

测量温度时,将热电偶传感器的冷端(自由端)负极插入“COM”插座,正极插入“V/Ω”插座中,热电偶的工作端(测温端)置于待测物上面或内部,可直接从屏幕上读取温度值,读得的数为摄氏度。

(3) 三极管hFE

① 将量程开关置于hFE挡。

② 决定所测晶体管为NPN或PNP型,将发射极、基极、集电极分别插入测试附件上相应的插孔。

(4) 自动断电锁存及背光开启

开机后,LCD屏有“APO”符号出现,表示仪表处于自动关机状态;用户在15 min内转动拨盘或仪表百位及千位，则在 15 min 内一直有数字在变动，表明仪表处于不关机状态。按住“HOLD”功能，循环长按“HOLD”键，打开或关闭背光灯。

(5) 仪表保养

① 注意防水、防尘、防摔。

② 不宜在高温、易燃易爆和强磁场的环境下存放和使用仪表。

③ 使用湿布和温和的清洁剂清洁仪器外表，不要使用研磨剂及酒精等烈性溶剂。

④ 如果长时间不使用，应取出电池，防止电池漏液腐蚀仪表。

1.4 电磁系仪表

电磁系仪表是测量交流电流与交流电压最常用的一种仪表。电磁系仪表在实验室和工程实际中都得到了广泛的应用。

利用一个或几个载流线圈的磁场对一个或几个铁磁体（例如铁片）作用的测量机构所构成的仪表叫做电磁系仪表。它的可动部分一般是一个铁片，铁片是由软磁材料制成的。

1. 电磁系仪表的结构与工作原理

常用的电磁系仪表的测量机构有吸引型和排斥型两种。

(1) 吸引型

如附图 1.4.1 所示，吸引型测量机构由固定的线圈 1 和偏心的装在转轴上的软铁片 2 组成。转轴上还装有指针 3、阻尼器 4 和产生反作用力矩的游丝 5。

当电流通过线圈时，线圈的磁场使可动铁片磁化，并对铁片产生吸引力，从而产生转动力矩，使铁片偏转，带动指针，指示被测电流的大小。当线圈中电流方向改变时，线圈磁场的极性改变，被磁化的软铁片的极性也同时改变，因而线圈对软铁片仍相互吸引，软铁片转动的方向不变，如附图 1.4.2 所示，可见这种测量机构可以直接测量交流电流和电压。

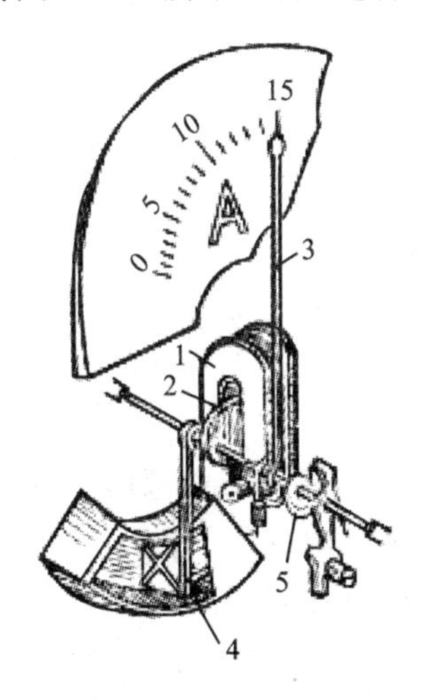

附图 1.4.1 吸引型电磁系测量机构

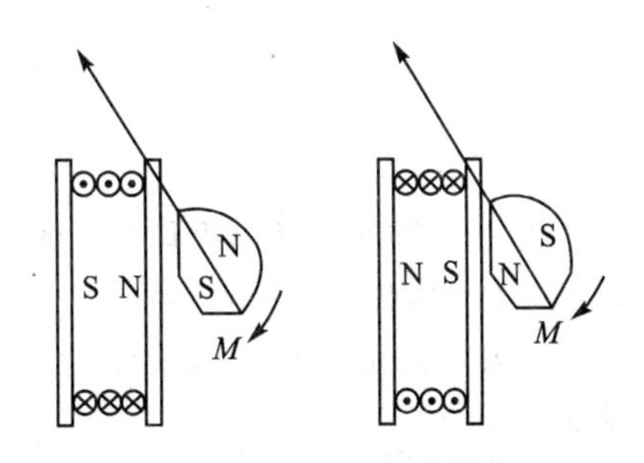

附图 1.4.2 吸引型电磁系仪表的工作原理

(2) 排斥型

排斥型测量机构如附图 1.4.3 所示，它的固定部分包括线圈 1 和固定在线圈内壁的软铁片 2，可动部分包括固定在转轴上的动铁片 3 以及游丝 4、指针 5 和阻尼片 6。当电流通过线圈时，两个铁片均被磁化，则同一侧的极性是相同的，如附图 1.4.4(a)所示，从而互相排斥，使动铁片带动指针一起转动，指示出被测电流的大小。当线圈中的电流方向改变时，线圈磁场方向改变，两个铁片被磁化的极性同时改变，如附图1.4.4(b)所示，它们仍然互相排斥，使可动铁片转动的方向不变。可见排斥型仪表同样可直接用来测量交流电流和电压。

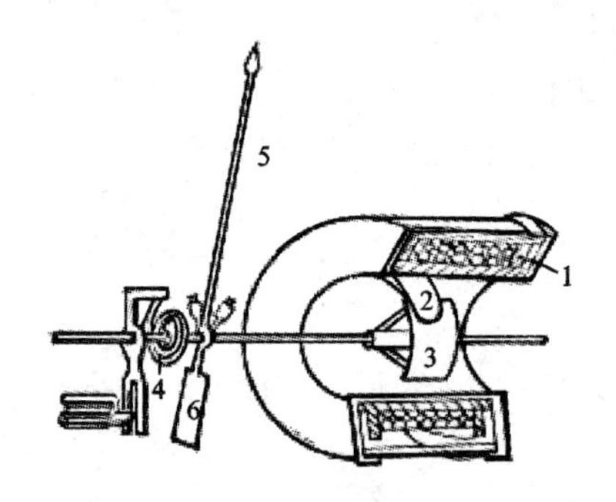

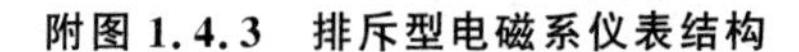
附图 1.4.3　排斥型电磁系仪表结构

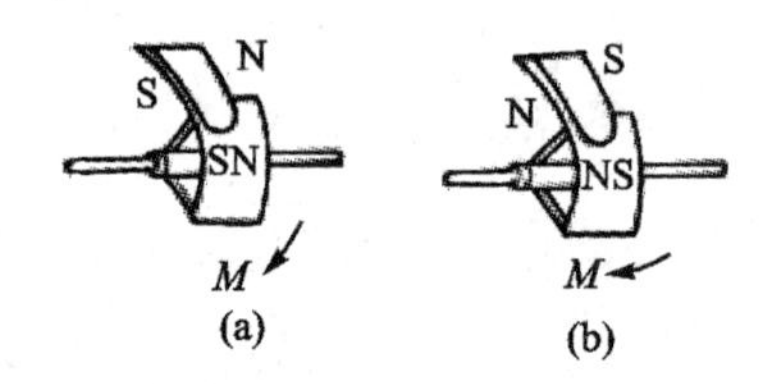

附图 1.4.4　排斥型电磁系仪表中铁片的磁化情况

电磁系测量机构的作用原理都是基于利用载流回路的电磁能量。从电路原理中可知，载流线圈的能量可以表示为

$$W=\frac{1}{2}LI^2$$

式中，I 为线圈中的电流，L 为线圈的电感。

由此可得到电磁系测量机构的转动力矩，即

$$M=\frac{\mathrm{d}W}{\mathrm{d}\alpha}=\frac{1}{2}I^2\frac{\mathrm{d}L}{\mathrm{d}\alpha} \tag{1.4.1}$$

因为电磁系仪表的反作用力矩是由游丝或张丝产生的，所以反作用力矩为

$$M_\alpha=D\alpha \tag{1.4.2}$$

式中，D 为弹性常数，即游丝的反作用力矩系数，由游丝的弹性所决定。

当转动力矩和反作用力矩相等时，指针稳定在某一平衡位置，即有

$$\frac{1}{2}I^2\frac{\mathrm{d}L}{\mathrm{d}\alpha}=D\alpha$$

由此得

$$\alpha=\frac{1}{2D}I^2\frac{\mathrm{d}L}{\mathrm{d}\alpha}$$

上式指出，在直流情况下，电磁系测量机构的可动部分的偏转角与电流的平方成正比，并与自感随偏转角的变化率 $\mathrm{d}L/\mathrm{d}\alpha$ 有关。

如果在电磁系测量机构的线圈中通入交流电流 i，则转矩随时间变化，但其符号总是正的，此时瞬时转矩为

$$M_t=\frac{1}{2}i^2\frac{\mathrm{d}L}{\mathrm{d}\alpha}$$

由于可动部分具有较大的转动惯量，它的偏转来不及跟随转矩的瞬时值改变，而是按平均转矩 M_{CP} 偏转，即

$$M_{\mathrm{CP}}=\frac{1}{T}\int_0^T M_t\,\mathrm{d}t=\frac{1}{2}\frac{\mathrm{d}L}{\mathrm{d}\alpha}\frac{1}{T}\int_0^T i^2\,\mathrm{d}t=\frac{1}{2}I^2\frac{\mathrm{d}L}{\mathrm{d}\alpha}$$

式中，I 为交流电流的有效值。当可动部分处于平衡位置时，其偏转角为

$$\alpha = \frac{1}{2D} I^2 \frac{dL}{d\alpha} \tag{1.4.3}$$

式(1.4.3)指出，在交流情况下，电磁系仪表的偏转角与被测电流有效值的平方成正比，同时与动铁片转动时固定线圈电感的变化率$\frac{dL}{d\alpha}$有关。

因为电感与线圈匝数的平方成正比，即

$$L = k_L N^2$$

式中，N 为线圈匝数；k_L 为比例系数，它与线圈、铁芯的形状、尺寸及相互之间的位置有关。所以

$$\frac{dL}{d\alpha} = N^2 \frac{dk_L}{d\alpha}$$

式(1.4.3)可改写为

$$\alpha = \frac{1}{2D} (IN)^2 \frac{dk_L}{d\alpha} \tag{1.4.4}$$

式(1.4.4)指出：偏转角 α 与安·匝数(NI)的平方成正比；如果$\frac{dk_L}{d\alpha}$为常数，则仪表的刻度与流过测量机构的电流的有效值的平方成正比。实际上$\frac{dk_L}{d\alpha}$是随偏转角变化的，可以利用它的变化来改善刻度特性，使标度尺在有效工作部分尽量趋于均匀。

2. 电磁系电流表和电压表

(1) 电磁系电流表

电磁系仪表的结构是各种电测指示仪表的测量机构中最简单的一种。根据其作用原理，可以把固定线圈直接串联在被测电路中，由此制成电流表来测量电流。由于被测电流不通过可动部分和游丝，因而可以制成直接测量大电流的电流表。

电磁系电流表不采用分流器。这是因为一方面，它可以直接通过大电流；另一方面，采用分流器后，将使测量机构的内部压降和仪表的功率损耗大大增加。因此这类仪表常用固定线圈分段串并联的方法来改变量程。附图 1.4.5 所示是双量程电流表改变量程的示意图，它的固定线圈被分为两个匝数(N_1 和 N_2)相等、导线截面的大小也一样的绕组。附图 1.4.5(a)为两个绕组串联，电流量程为 I_m，总安·匝数为 $I_m(N_1+N_2)=2I_mN$。附图 1.4.5(b)为两个绕组并联，电流量程被扩大一倍，即 $2I_m$，但总安·匝数仍为 $2I_mN$ 不变。

(2) 电磁系电压表

电磁系电压表中的固定线圈是用细的绝缘导线绕制的。由于流进线圈的电流很小，为了获得足够大的磁场，线圈的匝数需要很多，但量程的扩大，并非单纯采用增加线圈匝数的方法，因为线圈的感抗和电阻太大时，将造成很大的频率误差和温度误差。为此，电磁系电压表扩大量程方法仍用串联附加电阻的方法。

3. 电磁系仪表的主要优缺点

① 结构简单、造价低廉。

② 由于电磁系仪表的被测电流不通过游丝和可动部分，故过载能力强。

③ 交、直流两用，但主要用于交流测量。

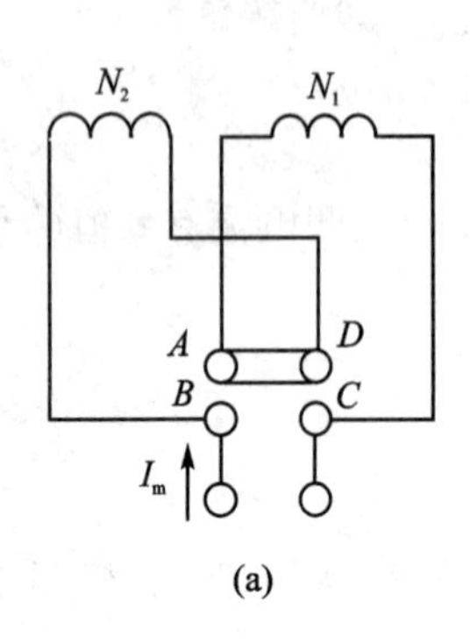

(a)

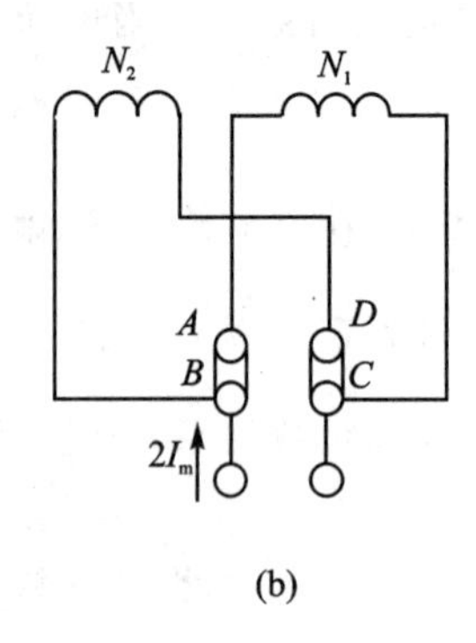

(b)

附图 1.4.5 双量程电流表变换量程的示意图

④ 由于电磁系仪表的偏转角与被测电流的平方呈线性关系,因此造成标尺刻度不均匀。

⑤ 由于电磁系仪表内部磁场很弱,外磁场对其影响很大,所以电磁系仪表都采取防御外磁场影响的措施,就是采用磁屏蔽和无定位结构。所谓无定位结构,就是把测量机构的线圈分成两部分且反向串联,当线圈通电时,两线圈产生的磁场方向相反,但转矩是相加的,而外磁场的作用总是互相抵消的。

⑥ 由于固定线圈的匝数较多,感抗将随频率的变化而变化,从而给读数带来影响,因此在使用时要注意仪表规定的频率范围及频率影响。

电磁系仪表在非正弦交流电路中同样能测量电流或电压的有效值。但当非正弦电流或电压的谐波频率太高时,亦会带来较大误差。

有些电磁系仪表在测量线路上采取措施,以补偿频率的影响。

由上述可以看出,电磁系仪表虽有某些缺点,但由于结构简单,过载能力强等独特优点,使得它们得到了广泛的应用。目前,主要用来制成交流电压表、电流表,特别是开关板式交流电压表、电流表几乎都采用它。

近年来,由于新材料、新工艺的发展以及设计的改进,0.2 级和 0.5 级电磁系仪表已被广泛使用。

1.5 电动系仪表

电动系仪表是一种利用载流的可动线圈和载流的固定线圈之间的作用力而工作的仪表。它与电磁系仪表相比,最大的区别在于由活动线圈代替了可动铁片,因此基本上消除了磁滞和涡流的影响,使仪表的准确度得到了提高。此外电动系仪表有固定和活动两套线圈,这样就可以测量功率和功率因数等。

1. 电动系仪表的结构与工作原理

电动系测量机构主要是利用载流线圈间有电动力作用的原理构成的。附图 1.5.1 是最简单的电动系测量机构的原理结构图。图中,固定线圈 1 是由两个完全相同的线圈组成的,固接在轴上的可动线圈 2 可以在固定线圈里自由偏转。在轴上还接有两个彼此绝缘的游丝 3。电动系仪表一般都采用空气阻尼器。固定线圈之所以制成两个,并在空间位置上彼此分开一定距离,其目的是使由固定线圈产生的磁场均匀。两个线圈可以串联,也可以并联。

现将电动系在直流电源和交流电源工作时的参数分析如下。

(1) 在直流电源工作时

如果固定线圈中的电流是 I_1，可动线圈中的电流是 I_2，则由它们所组成的系统的能量可用下式表示：

$$W=\frac{1}{2}L_1I_1^2+\frac{1}{2}L_2I_2^2+M_{12}I_1I_2$$

式中，L_1 和 L_2 分别为固定线圈和可动线圈的自感；M_{12} 为固定线圈和可动线圈间的互感。

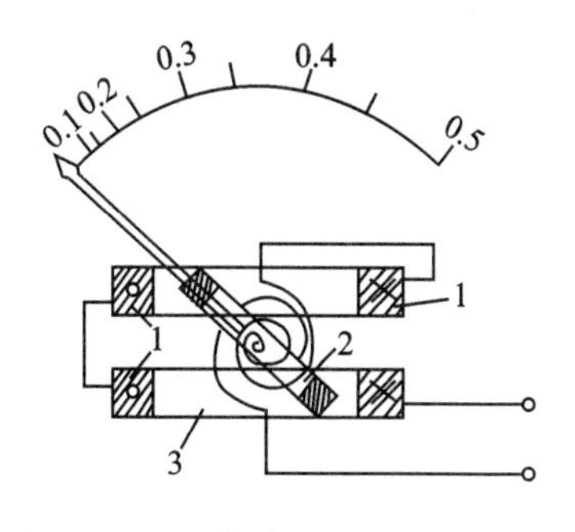

附图 1.5.1　电动系测量机构示意图

为求出转矩，必须求出能量 W 对可动部分偏转角的导数，即

$$M=\frac{dW}{d\alpha}=\frac{1}{2}I_1^2\frac{dL_1}{d\alpha}+\frac{1}{2}I_2^2\frac{dL_2}{d\alpha}+I_1I_2\frac{dM_{12}}{d\alpha}$$

当可动线圈偏转时，L_1 和 L_2 保持不变，所以上式中的前两项经微分后为零。因此

$$M=I_1I_2\frac{dM_{12}}{d\alpha} \tag{1.5.1}$$

式(1.5.1)指出，电动系仪表的转矩等于两个线圈的电流以及两个线圈间的互感对偏转角的导数这三者的乘积。

当转矩和游丝的反作用力矩相等时，可动部分处于平衡位置。这时有

$$I_1I_2\frac{dM_{12}}{d\alpha}=D\alpha$$

由此可得

$$\alpha=\frac{1}{D}I_1I_2\frac{dM_{12}}{d\alpha} \tag{1.5.2}$$

可见，当电流 I_1 和 I_2 的方向同时变化时，转矩方向保持不变。所以这种机构既可用于直流，又可用于交流。

(2) 在交流电源工作时

当线圈通入交流电流时，则作用于可动部分的瞬时转矩为

$$M_t=i_1i_2\frac{dM_{12}}{d\alpha}$$

式中，i_1 和 i_2 分别为固定线圈和可动线圈中电流的瞬时值。由于可动部分具有较大的惯量，来不及追随转矩瞬时值的变化，因此它的偏转决定于转矩在一个周期内的平均值 M_{CP}，即

$$M_{CP}=\frac{1}{T}\int_0^T M_t dt=\frac{dM_{12}}{d\alpha}\cdot\frac{1}{T}\int_0^T i_1i_2 dt=I_1I_2\cos\varphi\frac{dM_{12}}{d\alpha}$$

式中，I_1、I_2 为电流的有效值；φ 为 i_1、i_2 之间的相角差。

由转矩和反作用力矩相平衡所决定的偏转角为

$$\alpha=\frac{1}{D}I_1I_2\cos\varphi\frac{dM_{12}}{d\alpha} \tag{1.5.3}$$

若 $\frac{dM_{12}}{d\alpha}$ 为定值，则偏转角 α 与 $I_1I_2\cos\varphi$ 成正比，即

$$\alpha=kI_1I_2\cos\varphi \tag{1.5.4}$$

为了改善分度特性，常常利用线圈的相对位置，并适当地选择线圈的大小和形状，使 M 随

α 的变化有利于标度尺均匀分度。

2. 电动系电流表及电压表

(1) 电动系电流表

将电动系测量机构中的定圈和动圈串联起来即构成电动系电流表。按规定：测量仪表中电流线圈的一般符号用一个圆加一粗实线表示；电压线圈用一个圆加一细实线表示，如附图1.5.2所示。虚线框内表示电动系电流表，1为定圈，即电流线圈；2为动圈，即电压线圈。对照式(1.5.4)，由于 $I_1=I_2=I$，$\varphi=0$，$\cos\varphi=1$，可得

$$\alpha=k_iI^2 \tag{1.5.5}$$

故电动系电流表可动部分的偏转角与被测电流的平方有关，所以，它的标度尺的分度是不均匀的。

用上述方式构成的电流表只能用来测量0.5 A以下的电流，因为被测电流要通过游丝，而且绕制动圈的导线也很细。如果要测量较大的电流，通常是将动圈和定圈并联，或者在动圈上加分流器来实现。

电动系电流表通常都制成两个量程。量程的改变是通过把定圈做成两部分，再进行串并联换接和改变与动圈并联的分流电阻来实现的。

由于电动系的定圈和动圈都有一定的电感，它们之间也存在互感，当被测电流的频率不同时，将会产生频率误差。为了使它能适应较宽频率范围的测量，通常在与动圈串联的一部分电阻上并有频率补偿电容。

(2) 电动系电压表

将电动系测量机构中定圈1和动圈2与附加电阻 R_d 一起串联起来，就构成电动系电压表，如附图1.5.3所示。通过改变附加电阻 R_d 可以使电压表得到多个量程，当附加电阻一定时，通过测量机构的电流与仪表两端的电压 U 成正比。由式(1.5.4)可得

$$\alpha=k_uU^2 \tag{1.5.6}$$

故电动系电压表可动部分的偏转角 α 与电压平方有关，所以它的表度尺是不均匀的。

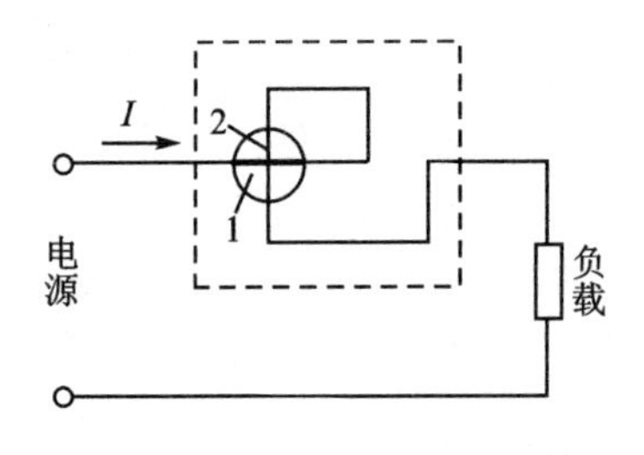

附图1.5.2 电动系电流表

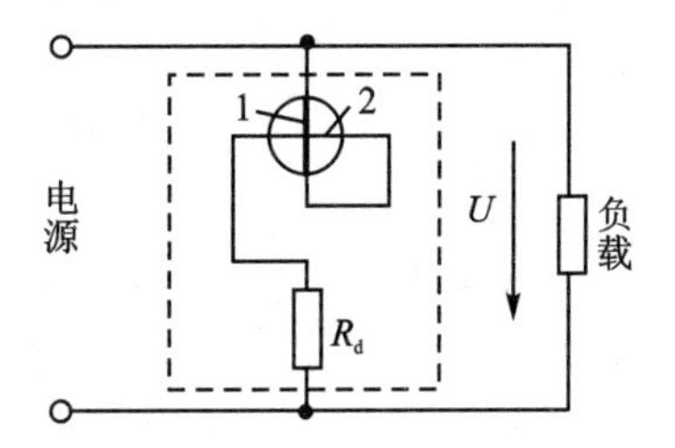

附图1.5.3 电动系电压表

3. 电动系功率表

电动系测量机构作为功率表时，定圈与负载串联，动圈与负载并联，如附图1.5.4所示。按规定，“电流和电压相乘的线圈”用一个圆加一条水平粗实线和一条垂直的细实线来表示。由电路原理有

$$I_1=I,\quad I_2=I_u=\frac{U}{Z_u}$$

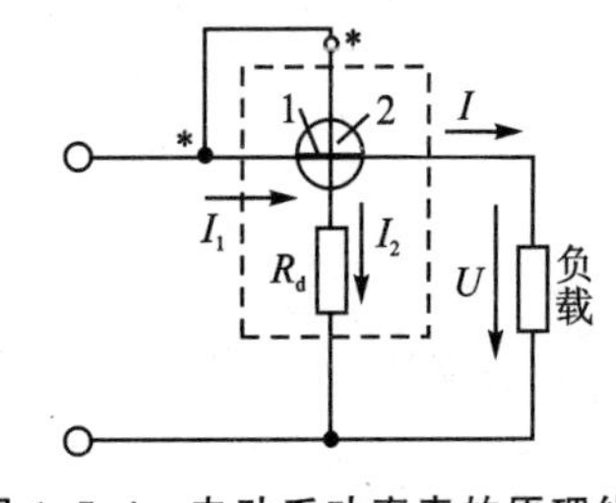

附图1.5.4 电动系功率表的原理线路图

式中，I 为负载电流，I_u 为通过动圈的电流，U 为负载端电压，Z_u 为动圈支路的阻抗。

如果可动线圈的电路是纯电阻的，即令 $Z_u=R_u$，则电流 I_1 与 I_2 间的相位差 φ 将等于电压 U 与电流 I 之间的相位差 φ。在这种情况下，电动系测量机构的偏转角将成为如下形式：

$$\alpha=k_w UI\cos\varphi \tag{1.5.7}$$

即可动部分的偏转角将正比于负载所消耗的有功功率。

如果把其中一个线圈中的电流方向改变，则由式(1.5.7)可知，偏转角 α 将改变成负值，即仪表指针向反方向偏转。因此当接入功率表时，必须使线圈中的电流遵循一定的方向，这个问题对用三相功率表(或电度表)测量三相功率(或电能)时尤为重要。为此，必须在接线时区别线圈绕组的“起端”与“终端”，功率表绕组的“起端”通常用符号“ * ”或“±”标出。用这些符号标出的线头称为电源端。

必须指出，并联线路中的附加电阻必须接在动圈的非电源端，否则电网的全电压基本上作用在可动线圈与固定线圈之间，从而引起由线圈相互作用而产生较大的静电误差，并且可能导致线圈间绝缘的击穿。

通常便携式功率表都做成多量程的，一般有两个电流量程，两个或三个电压量程。

电流的两个量程是通过完全相同的两个电流线圈之间的串并联来实现的，如附图 1.5.5 所示。附图 1.5.6 表示用金属连接片来进行串并联以改变电流量程的方法。

功率表的电压量程是靠电压线圈串联不同的附加电阻达到的。附图 1.5.7 表示具有两个电压量程功率表的电压支路。

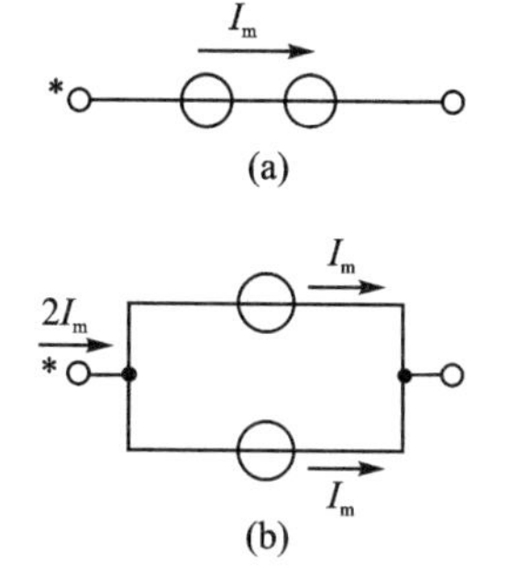

附图 1.5.5　多量程功率表的电流电路

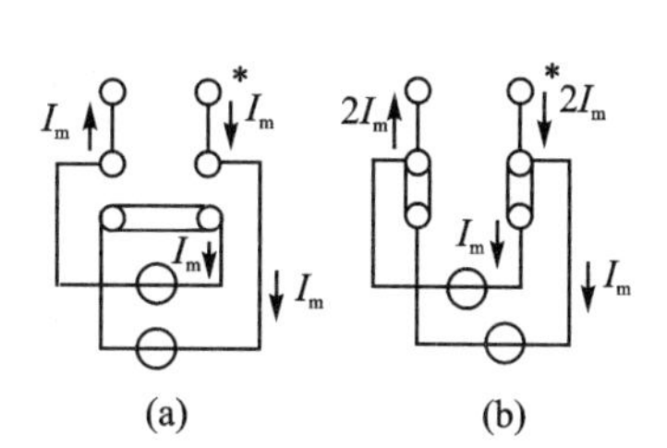

附图 1.5.6　用连接片改变功率表的电流

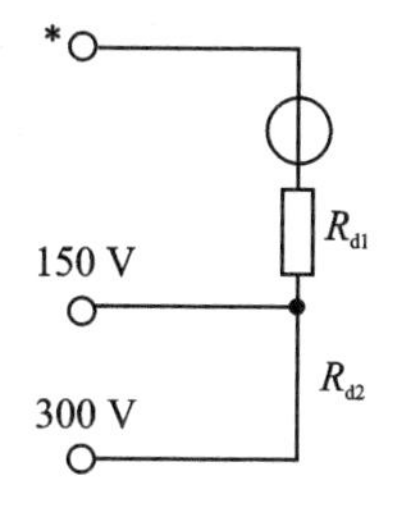

附图 1.5.7　多量程功率表的电压支路

功率表的标度尺只标有分格数，而并不标明瓦特数，这是由于功率表一般是多量程的，在选用不同的电流量程和电压量程时，每一分格都代表不同的瓦特数。每一分格所代表的瓦特数称为功率表的分格常数。在测量时读了功率表的偏转格数后，乘上功率表相应的分格常数，就等于被测功率的数值，即

$$P=C\alpha \tag{1.5.8}$$

式中，P 为被测功率的瓦数(W)；C 为功率表分格常数(W/格)；α 为指针偏转的格数。

功率表的分格常数可以按下式计算：

$$C=\frac{U_m I_m}{\alpha_m} \tag{1.5.9}$$

式中，U_m 为所使用功率表的电压量程值；I_m 为所使用功率表的电流量程值；α_m 为功率表表度

尺满刻度的格数。有些功率表上附有在不同电流、电压量程下的分格常数,以供查用。

[**例 1.5.1**] 如果选用功率表的电压量程为 300 V,电流量程为 2.5 A,功率表标度尺的满刻度格数为 150 分格,在测量时读得功率表指针的偏转格数为 75 格,问负载所消耗的功率是多少?

解:功率表的分格常数为:

$$C=\frac{U_{m}I_{m}}{\alpha_{m}}=\frac{300\ \text{V}\times 2.5\ \text{A}}{150\ \text{格}}=5\ \text{W/格}$$

测得负载所消耗的功率为:

$$P=C\alpha=5\ \text{W/格}\times 75\ \text{格}=375\ \text{W}$$

4. 电动系低功率因数功率表

(1) 低功率因数功率表的测量用途

低功率因数功率表用来测量功率因数比较低的交流电路中的功率,也可用来测量交直流电路中的小功率。

普通功率表是按额定电压 U_{m}、额定电流 I_{m} 及额定功率因数 $\cos\varphi_{m}=1$ 的情况下进行刻度的。也就是当被测功率 $P=U_{m}I_{m}$ 时,功率表指针有满刻度偏转。如果用这样的表来测量低功率因数负载的功率,例如 $\cos\varphi=0.1$,即使负载电压、电流都达到表的量程的额定值,但由于$P=U_{m}I_{m}\cos\varphi=0.1U_{m}I_{m}$,仪表指针也只能偏转到满刻度的 1/10,这样就不便于读数,测量的相对误差也很大。此外,在转动力矩很小,功率因数较低的情况下,仪表本身的功率损耗、角误差(电压线圈中电流滞后其端电压的相位差所引起的误差)以及轴承和轴尖之间的摩擦等,都会给测量结果带来不容许的误差。所以,需要有能在低功率因数的电路中测量小功率的功率表,这就是本节要介绍的低功率因数功率表。

(2) 电动系低功率因数功率表

针对上述问题从而制成了具有下述特点或不同结构的各种电动系低功率因数功率表。

① 应用测量功率因数比较低的交流电路的功率表:该仪表的活动部分仍能得到较大的偏转角。

例如,负载的电压、电流都是额定值,而对于负载 A,其功率因数 $\cos\varphi=1$;对于负载 B,其功率因数 $\cos\varphi=0.1$。于是,$P_{B}=\frac{1}{10}P_{A}$。如果设计低功率因数瓦特表时,使仪表在 U_{m}、I_{m} 和 $\cos\varphi=0.1$ 的情况下指针仍有满刻度偏转。这样,与普通功率表相比,就相当于使偏转角扩大了 9 倍。我们把这时的 $\cos\varphi$ 称为仪表的额定功率因数,或称作仪表的功率因数常数,记作“$\cos\varphi_{m}=0.1$”。若低功率因数功率表指针的偏转是按照 $U_{m}I_{m}$ 和 $\cos\varphi_{m}=0.2$ 情况下仍有满刻度偏转角设计的,那么该仪表的低功率因数常数为“0.2”。

② 应用补偿线圈的功率因数功率表:功率表不管用哪种接线方式,都不可避免地存在着仪表本身的功率消耗。在“功率表电压线圈后接”的线路中(见附图 1.5.8),由于功率表的电流线圈中的电流等于负载电流加上功率表电压支路中的电流,从而功率表读数中就多了电压支路中的功率消耗(U^{2}/R_{d})。当被测功率很小时,此功率消耗带来的影响就变得不容忽略。因此,在每次测量结果中都要减去仪表的功率消耗以进行校正,给测量工作带来不少麻烦。为了方便使用,在有些低功率因数功率表中采用了补偿线圈。该补偿线圈用来补偿功率表电压支路的功率消耗。这种有补偿线圈的低功率因数功率的原理电路如附图 1.5.9 所示。

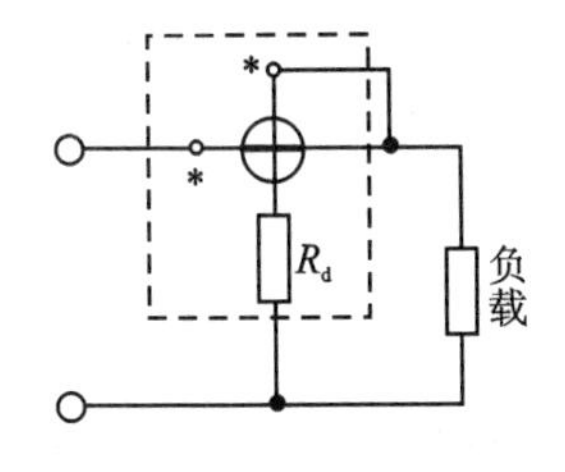

附图 1.5.8　功率表电压线圈后接的电路

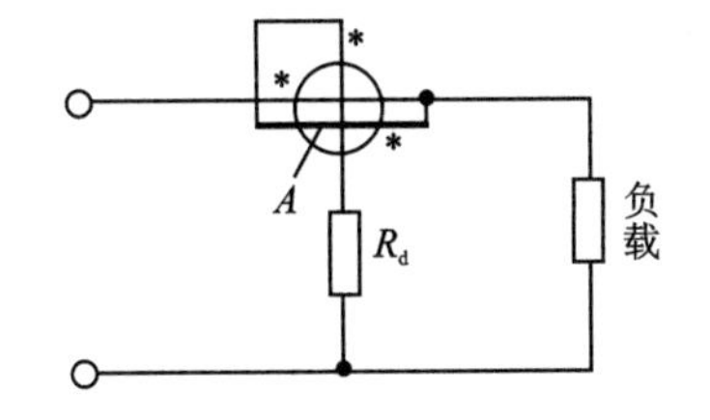

附图 1.5.9　有补偿线圈的低功率因数功率表

把附图 1.5.9 具有补偿线圈的低功率因数功率表的电路与附图 1.5.8 的"功率表电压线圈后接"电路相比较，可以看出，在低功率因数功率表的电压支路中多了一个线圈 A，此线圈就是补偿线圈。该补偿线圈和电流线圈匝数相等，结构也相似，它绕在电流线圈上面，只是绕线方向和电流线圈相反。补偿线圈串联在功率表的电压支路中。这样，通过补偿线圈的电流就等于功率表电压支路中的电流，而补偿线圈所建立的磁场的方向和电流线圈所建立的磁场的方向相反，因此抵消了由于电流线圈中包含电压支路的电流所引起的误差，也就是消除了功率表本身的功率消耗所带来的影响。

由带有补偿线圈的低功率因数功率表的原理可知，这种类型的低功率因数功率表的接线方式必须采用"功率表电压线圈后接"方式。

③ 利用补偿电容的低功率因数功率表：在前面研究功率表的原理时，由于功率表的电压支路中附加电阻很大，便忽略了电压线圈的电感，而认为电压支路的电流与其端电压同相位。事实上，动圈总是有一定的电感的，因此电压线圈中的电流 $\dot{I}_2$ 要滞后其端电压一个相位差 θ（见附图 1.5.10），这时 $\psi=\varphi-\theta$，θ 角所引起的误差称为功率表的角误差。电动系功率表的角误差与所接负载的功率因数有关。功率因数愈低，角误差就愈大。

在某些低功率因数功率表中采取补偿电容的办法来消除角误差，也就是在功率表电压支路的附加电阻 R_d 的一部分上并联一个电容器 C，如附图 1.5.11 所示，从而可以使电压支路由原来感性变成纯电阻性，这样就消除了角误差的影响。

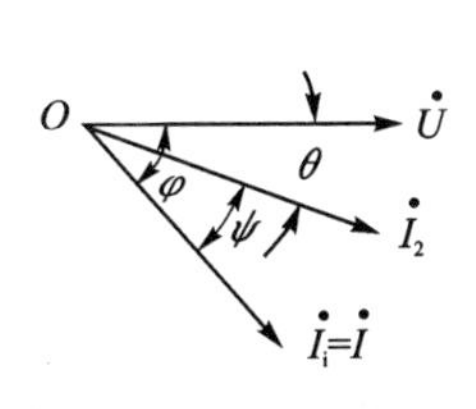

附图 1.5.10　功率表中电压电流的相位关系

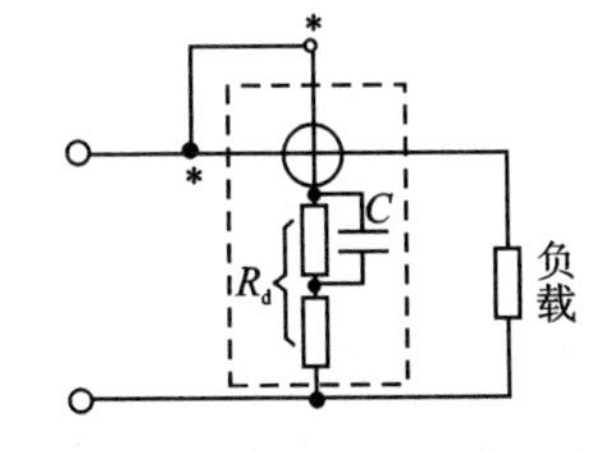

附图 1.5.11　带有补偿电容的低功率因数功率表

④ 带光标指示器的张丝式的低功率因数功率表：在某些低功率因数功率表中采用了带光标指示器的结构，也就是用金属张丝把电动系仪表中的可动部分吊起来，而不是用轴承轴尖来支撑可动部分。在张丝上装有小镜，从光源发出的光，由小镜反射到标尺上面进行读数。这样，由于避免了轴承轴尖的摩擦，而且张丝的反作用力矩比游丝小得多，因此，仪表可以在小转矩作用下工作，大大减小了仪表的功率消耗。

(3) 低功率因数功率表的读数

低功率因数功率表的接线和使用方法与普通功率表相同，但设计时，要满足功率表在额定

电流 I_m、额定电压 U_m 及额定功率因数 $\cos\varphi_m$ 下指针能作满刻度偏转。因此,低功率因数功率表的分格常数为

$$C=\frac{U_m I_m \cos\varphi_m}{\alpha_m}$$

式中,$\cos\varphi_m$ 的值在功率表的表盘面上标明。

应当强调指出,仪表上标明的额定功率因数 $\cos\varphi_m$ 并非为被测量负载的功率因数,而是仪表在刻度时,在额定电流、额定电压下能满足指针作全偏转(满刻度)的额定功率因数。

[例 1.5.2] $\cos\varphi_m=0.2$,电压量程为 300 V、电流量程为 5 A 的具有 150 分格的低功率因数功率表测量某一负载所消耗的功率,功率表读数为 70 分格,问该负载所消耗的功率为多少?若此时又测得负载的电压为 250 V,负载电流为 4 A,问该负载的实际功率因数等于多少?

解:此低功率因数功率表的分格常数为

$$C=\frac{U_m I_m \cos\varphi_m}{\alpha_m}=\frac{300\ \text{V}\times 5\ \text{A}\times 0.2}{150\ \text{格}}=2\ \text{W/格}$$

负载所消耗的功率为

$$P=C\alpha=2\ \text{W/格}\times 70\ \text{格}=140\ \text{W}$$

负载的实际功率因数为

$$\cos\varphi=\frac{P}{UI}=\frac{140\ \text{W}}{250\ \text{V}\times 4\ \text{A}}=0.14$$

1.6 测量方法及测量误差

1. 测量的方式和方法

测量过程就是把被测量(未知量)与已知的标准量进行比较,以求得被测量数值的过程。在进行具体测量之前,应先明确被测量的性质和测量所要达到的目的,然后选定测量方式和选择合适的测量方法,最后选用相应的仪器设备。

(1) 测量方式的选择

测量方式一般可以分为直接测量、间接测量和组合测量三种。

① 直接测量:在测量中,把被测量和已知的标准量直接比较,或者将被测量产生的效应与同一种类的标准量产生的效应比较,从而直接求得被测量的数值,这种测量方式称为直接测量。例如用电流表测量电流,用电位差计测量电势等。

② 间接测量:在测量中,首先对几个与被测量有确切函数关系的其他量进行测量,然后通过函数关系确定被测量的结果,这种测量方式称为间接测量。例如用电压表和电流表测量电阻 R_x,先直接测出 U_R 和 I_R,再利用欧姆定律,即可间接求得 R_x 的值。

③ 组合测量:在测量中,若被测量有多个,而且它们和可直接(或间接)测量的物理量有一定的函数关系,通过联立求解各函数关系式来确定被测量的数值,这种测量方式称为组合测量。例如,为了测量电阻的温度系数,需要利用电阻值与温度之间的关系式:

$$R_t=R_{20}[1+\alpha(t-20)+\beta(t-20)^2]$$

式中,α 和 β 为电阻的温度系数,R_{20} 为电阻在 20℃时的电阻值,t 为测量时的摄氏温度。

为了测出电阻的 α、β 和 R_{20} 的值,可以先测出在 3 种不同温度 t_1、t_2 和 t_3 相对应的电阻值 R_{t_1}、R_{t_2} 和 R_{t_3},然后代入上式,得出一组联立方程:

$$R_{t_1}=R_{20}[1+\alpha(t_1-20)+\beta(t_1-20)^2]$$
$$R_{t_2}=R_{20}[1+\alpha(t_2-20)+\beta(t_2-20)^2]$$
$$R_{t_3}=R_{20}[1+\alpha(t_3-20)+\beta(t_3-20)^2]$$

解此方程组，便可求出α、β和R_{20}的值。

(2) 测量方法的选择

测量方式确定以后，应根据对测量准确度的要求、实验条件和仪器设备的不同特点，在以下两种测量方法中选择一种。

① 直读测量法：直接根据仪表（仪器）的读数来确定测量结果的方法称为直读测量法。例如用电压表测量电压，用欧姆表测量电阻等。其优点是设备简单，操作简便；缺点是测量准确度不高。

② 比较测量法：将被测量与已知标准量通过测量仪器进行比较来确定测量结果的方法称为比较测量法。例如用电位差计测量电压时，就是将被测电压与标准电池的电动势进行比较来确定测量结果的。其优点是测量准确度和灵敏度高，适用于精密测量；缺点是所用的仪器设备比较复杂，操作也比较麻烦。

2. 测量误差

不论用什么测量方法，也不论怎样进行测量，测量的结果与被测量的实际数值总存在差别，这种差别叫做测量误差。

下面先讲测量误差产生的原因，然后再讨论测量结果误差的估计。所有误差可以分为以下3种：

(1) 系统误差

系统误差是由于仪器不完善，使用不恰当，或测量方法采用了近似公式以及外界因素（如温度、电场、磁场）等原因所引起的。这种误差是遵循一定规律变化的，或者是保持恒定不变的。这种误差有的可以用试验方法检查出来并消除掉，有的可以计算出来。

(2) 偶然误差

偶然误差是由于周围环境对测量结果的影响所引起的，如房屋的偶然振动、频率的偶然波动等对测量的影响。由于存在偶然误差，即使在同一条件下，对同一被测量进行多次重复测量所得的结果也往往互不相同。

不能只凭对一次测量情况的分析来消除偶然误差，但是可以采用重复测量取其平均值的方法来减小这种误差对测量结果的影响。实际上偶然误差较小，在工程上进行一般测量时，可以不予考虑。

(3) 疏失误差

疏失误差是由于试验人员疏忽而造成的。例如试验时读取数据有错误，记录数据有错误。这种误差显然是一种人为错误，只要试验人员稍加注意，或将错误读数删除，疏失误差可以大大减小。

3. 工程上测量误差的估计

测量时，误差是不可能完全消除的，因此在进行测量之后，不仅要确定被测量的值，而且还要估计测量结果的准确程度。测量结果准确度的估计是与具体的要求及测量方法有关的。这里，仅就工程测量的情况作一简单介绍。

(1) 工程测量时主要考虑的是系统误差,偶然误差一般忽略不计

由于仪器设备不完善所引起的系统误差有以下几种:

① 基本误差:基本误差可以根据仪器和标准量具的准确度等级来计算。若在测量中所使用的仪表的准确度为 α 级,仪表的量程为 A_m,测量的读数为 A_x,则由前面讨论过的计算仪表相对误差公式(1.1.5)可知,其测量结果可能出现的最大相对误差 γ_m 为

$$\gamma_m = \pm \frac{\alpha \cdot A_m}{A_x} \times 100\% \tag{1.6.1}$$

[例 1.6.1] 某安培表的额定值为 $I_m = 30$ A,准确度为 1.5 级,即 $\alpha = 0.015$。现在用这个安培表测量电流,读得电流值 $I = 10$ A,试求由于结构不完善所引起的基本误差。

解:由仪表结构不完善所引起的基本误差以相对误差的形式表示,根据式(1.6.1)可以求得:

$$\gamma_m = \pm \frac{\alpha \cdot A_m}{A_x} \times 100\% = \pm \frac{0.015 \times 30 \text{ A}}{10 \text{ A}} \times 100\% = \pm 4.5\%$$

② 由于试验条件所引起的附加误差:由于外界因素发生改变,如温度和试验电压的变化等,也会使仪表和标准量具产生附加误差。当这些因素在规定范围内变化时,其所引起的附加误差的表示方法与基本误差表示方法相同。

譬如在指示仪表中,在正常情况下,温度规定为 20 ℃±2 ℃。在[例 1.6.1]中,如果测量时温度为 30 ℃,则超出规定的温度变化范围,但小于 10 ℃。那么,它所引起的附加误差以引用误差表示,为仪表等级的百分数,也就是±1.5%。因此在这种情况下测量的总的最大相对误差应该是上述两种误差的总和,即为基本误差的两倍,则

$$\pm(4.5 + 4.5)\% = \pm 9\%$$

(2) 在间接测量时,最大相对误差可以采用以下公式计算

① 被测量为几个量的和时

$$y = x_1 + x_2 + x_3$$

各个量的变化量 Δy、Δx_1、Δx_2 和 Δx_3 之间存在下述关系:

$$\Delta y = \Delta x_1 + \Delta x_2 + \Delta x_3$$

若将各个量的变化量看做绝对误差,则相对误差为

$$\frac{\Delta y}{y} = \frac{\Delta x_1}{y} + \frac{\Delta x_2}{y} + \frac{\Delta x_3}{y}$$

被测量的最大相对误差应出现在各个量的相对误差均为同一符号的情况下,并用 γ_y 表示,则

$$|\gamma_y| = \left|\frac{\Delta x_1}{y}\right| + \left|\frac{\Delta x_2}{y}\right| + \left|\frac{\Delta x_3}{y}\right| = \left|\frac{x_1}{y}\gamma_1\right| + \left|\frac{x_2}{y}\gamma_2\right| + \left|\frac{x_3}{y}\gamma_3\right| \tag{1.6.2}$$

式中,$\gamma_1 = \frac{\Delta x_1}{x_1}$、$\gamma_2 = \frac{\Delta x_2}{x_2}$、$\gamma_3 = \frac{\Delta x_3}{x_3}$ 为 x_1、x_2、x_3 各个量的相对误差。

由以上可以看出,数值较大的量对和的相对误差的影响也较大。

② 被测量为两个量的差时,则

$$y = x_1 - x_2$$

若从最不利情况来考虑,最大相对误差可以推导出同样结果:

$$|\gamma_y| = \left|\frac{x_1}{y}\gamma_1\right| + \left|\frac{x_2}{y}\gamma_2\right| \tag{1.6.3}$$

当 x_1 与 x_2 数值非常接近时，即使各个量的相对误差很小，被测量的相对误差也可能很大，所以这种情况的测量应该尽量避免。

［例 1.6.2］ 如果按附图 1.6.1(a)的连接方法测得两线圈的等效电感为 L'，而按附图 1.6.1(b)的连接方法测得两线圈的等效电感为 L''，则根据电工理论，两线圈之间的互感为

$$M=\left|\frac{L'-L''}{4}\right|$$

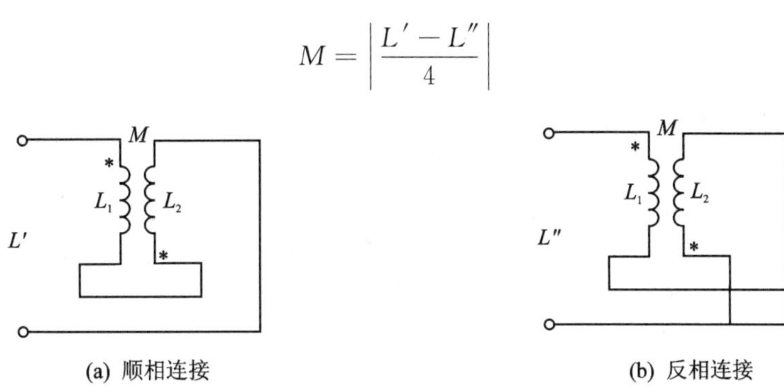

(a) 顺相连接 (b) 反相连接

附图 1.6.1 用顺向和反向连接测量两线圈之间的互感

若用电桥测出：

$$L'=1.20\ \mathrm{mH},\quad L''=1.15\ \mathrm{mH}$$

又由于两次测量的误差均为±0.5%，则可得

$$M=\frac{L'-L''}{4}=\frac{(1.20-1.15)\ \mathrm{mH}}{4}=\frac{0.05\ \mathrm{mH}}{4}=0.012\,5\ \mathrm{mH}$$

若令 $y=M, x_1=\frac{L'}{4}, x_2=\frac{L''}{4}$，代入式(1.6.3)得

$$|\gamma_M|=\left|\frac{L'}{4M}\gamma_{L'}\right|+\left|\frac{L''}{4M}\gamma_{L''}\right|=$$

$$\left|\frac{1.20\ \mathrm{mH}}{4\times 0.012\,5}\times 0.5\%\right|+\left|\frac{1.15\ \mathrm{mH}}{4\times 0.012\,5}\times 0.5\%\right|\approx 23.5\%$$

很显然，这样的测量结果，误差过大，在工程中是不允许的。

如果 L' 与 L'' 的数值相差很大，若 $L'=1.72\ \mathrm{mH}, L''=0.12\ \mathrm{mH}$，则

$$M=\frac{L'-L''}{4}=\frac{(1.72-0.12)\ \mathrm{mH}}{4}=\frac{1.60\ \mathrm{mH}}{4}=0.40\ \mathrm{mH}$$

同理，由式(1.6.3)可得

$$|\gamma_M|=\left|\frac{L'}{4M}\gamma_{L'}\right|+\left|\frac{L''}{4M\gamma_{L''}}\right|=$$

$$\left|\frac{1.72\ \mathrm{mH}}{4\times 0.4}\times 0.5\%\right|+\left|\frac{0.12\ \mathrm{mH}}{4\times 0.4}\times 0.5\%\right|\approx 0.6\%$$

在这种情况下，所得出的测量误差一般在工程上是允许的。

③ 被测量等于多个量的积或商时

$$y=x_1^{n_1}\cdot x_2^{n_2}$$

式中 n_1、n_2 分别为 x_1、x_2 各量的指数，对上式两边取对数后得

$$\ln y=n_1\ln x_1+n_2\ln x_2$$

再微分，得

$$\frac{dy}{y}=n_1\frac{dx_1}{x_1}+n_2\frac{dx_2}{x_2}$$

于是，测量时的最大相对误差为

$$|\gamma_y|=|n_1\gamma_1|+|n_2\gamma_2|$$

由式可知，指数较大的量对误差的影响也较大。

[**例 1.6.3**] 附图 1.6.2 为一振荡器。为了测量振荡器的最大功率输出，可以采用间接法来进行测量，就是以标准电阻作为负载，用一电压表测量其两端的电压 U，再根据下面近似公式计算这个振荡器的最大功率输出，即

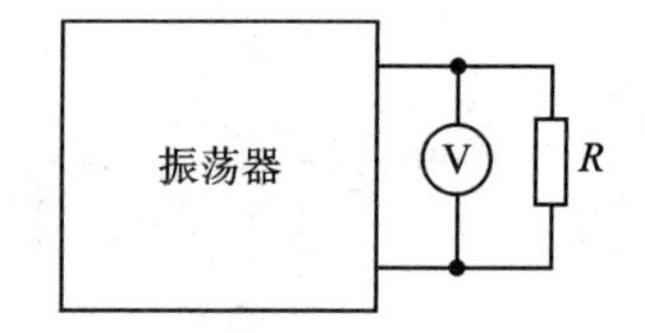

附图 1.6.2 测量振荡器输出功率的电路

$$P=\frac{U^2}{R}$$

采用这一间接法测量的最大相对误差为

$$|\gamma_P|=|2\gamma_U|+|\gamma_R|$$

式中：γ_U 为电压表测量时的最大相对误差；γ_R 为标准电阻的最大相对误差。

假设选用的电压表准确度的等级 α 为 1.5 级，量程 A_m 为 10 V，读数 A_x 为 8 V，电压表的内阻 R_U 为 10 000 Ω，而选用的标准电阻 R 精度为 0.05 级，其值 100 Ω。则振荡器的最大输出功率近似为

$$P=\frac{U^2}{R}=\frac{8^2\ \text{V}}{100\ \Omega}=0.64\ \text{W}$$

测量时电压表的基本误差可以按照式(1.6.1)计算，即得

$$\gamma_U=\pm\alpha\times\frac{A_m}{A_x}\times100\%=\pm\left[\frac{1.5}{100}\times\left(\frac{10}{8}\right)\right]\times100\%=\pm1.88\%$$

同理算得

$$\gamma_R=\pm0.05\%$$

所以

$$|\gamma_P|=|2\gamma_U|+|\gamma_R|=|\pm2\times1.88\%|+|\pm0.05\%|=3.81\%\approx3.8\%$$

这里值得注意的是，前面根据 $P=U^2/R$ 来决定振荡器的输出是忽略了电压表本身的损耗，因此在测量时应将测量结果加以校正，否则还应考率测量方法不完善所引起的误差。

电压表功率损耗为 U^2/R_U，因此由于测量方法所引起的误差

$$|\gamma_m|=\frac{\frac{U^2}{R_U}}{\frac{U^2}{R}+\frac{U^2}{R_U}}=\frac{R}{R+R_U}=\frac{100\ \Omega}{100\ \Omega+10\ 000\ \Omega}\approx1.0\%$$

这样总的最大相对误差为

$$\gamma=\gamma_P+\gamma_m\approx\pm(3.8+10)\%\approx\pm4.8\%$$

此外，若测量条件不正常，还必须考虑外界因素变化所引起的附加误差。

4. 有效数字和计算规则

在测量和数字计算中，该用几位数字来代表测量或计算结果是很重要的，它涉及有效数字

和计算规则的问题。

（1）有效数字的概念

在记录测量数值时，该用几位数字来表示，可通过一个具体例子来说明。附图 1.6.3 表示一个 0～50 V 的电压表在 3 种测量情况下指针的指示结果。第一次指针指在 42～43 V 之间，可记作 42.5 V，其中数字“42”是准确可靠的，称为可靠数字，而最后一位数“5”是估计出来的不可靠数字（欠准数字），两者合称为有效数字。通常只允许保留一位不可靠数字。对于 42.5 这个数字来说，有效数字是三位。第三次指针指在 30 V 的地方，应记为 30.0 V，这也是三位有效数字。

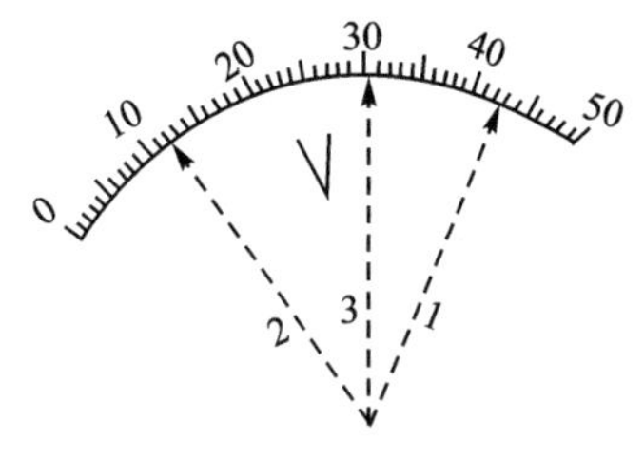

附图 1.6.3　有效数字读取示意图

数字“0”在数中可能是有效数字，也可能不是有效数字。例如 42.5 V 还可写成 0.042 5 kV，这时，前面的两个“0”仅与所用的单位有关，不是有效数字；而该数的有效数字仍为三位。对于读数末位的“0”不能任意增减，它是由测量设备的准确度来决定的。

（2）有效数字的正确表示

① 记录测量数值时，只保留一位不可靠数字。通常，最后一位有效数字可能有±1 个单位或±0.5 个单位的误差。

② 在所有计算式中，常数（如 π、e 等）及乘子（如$\sqrt{2}$、$\frac{1}{2}$等）的有效数字的位数可以没有限制，在计算中需要几位就取几位。

③ 大数值与小数值要用幂的乘积形式来表示。例如，测得某电阻的阻值是 15 000 Ω，若表示成有效数字为三位，则应记为 1.50×10^4 Ω，不能记为 15 000 Ω。

④ 表示误差时，一般只取一位有效数字，最多取两位有效数字，如±1%、±1.5%。

（3）有效数字的修约（化整）规则

当有效数字位数确定后，多余的位数应一律舍去，其规则为：

① 被舍去的第一位数小于 5，则末位不变。例如，把 0.13 修约到小数点后一位数，结果为 0.1。

② 被舍去的第一位数大于 5，则末位数加 1。例如，把 0.78 修约到小数点后一位数，结果为 0.8。

③ 被舍去的第一位数等于 5，而 5 之后的数不全为 0，则末位加 1。例如，把 0.450 1 修约到小数点后一位数，结果为 0.5。

④ 被舍去的第一位数等于 5，而 5 之后的数全为 0，则当末位数为偶数时，末位数不变；末位数为奇数时，末位数加 1。例如，把 0.250 和 0.350 修约到小数点后一位数，结果分别为 0.2 和 0.4。

（4）有效数字的运算规则

处理数据时，常常需要运算一些精确度不相等的数值，按照一定的规则计算，既可以提高计算速度，也不会因数字过少而影响计算结果的精确度。常用规则如下：

① 加减运算时，各数所保留的小数点后的位数，一般应与各数中小数点后位数最少的相同。例如，13.6、0.056 和 1.666 相加，小数点后最少位数的是一位（13.6），所以应将其余二数

修约到小数点后一位数,然后相加,即

$$13.6 + 0.1 + 1.7 = 15.4$$

为了减少计算误差,也可在修约时多保留一位小数,即

$$13.6 + 0.06 + 1.67 = 15.33$$

其结果应为15.3。

② 乘除运算时,各因子及计算结果所保留的位数,一般以百分误差最大或有效数字位数最少的项为准。例如,0.12、1.057和23.41相乘,有效数字最少的是二位(0.12),则

$$0.12 \times 1.1 \times 23 = 3.036$$

其结果应为3.0。

同样,为了减少计算误差,也可多保留一位有效数字,即

$$0.12 \times 1.06 \times 23.4 = 2.976\,48$$

其结果应为3.0。

用电子计算器运算时,计算结果的位数同样按上述原则确定,不能因计算器上显示几位就记录几位。

附录二　若干仪器设备及使用方法简介

2.1　晶体管直流稳压电源

晶体管直流稳压电源是提供直流电压的电源设备，在电网电压或负载变化时，能使输出电压保持稳定不变。在向负载提供功率输出时，它可以近似看成一个理想的电压源，其电源内阻接近于零。

稳压电源的输出电压，一般为分挡连续可调。

晶体管直流稳压电源的使用方法如下：

① 在接通交流电源前将“电压粗调”旋到所需的电压挡位置，“电压细调”旋在最小位置，合上电源后，再调节电压到所需数值。

② 使用中不要将电压源输出端短路，也不要使输出电流超过稳压电源的额定值。

③ 若负载短路或过载后，稳压电源内的过载保护电路将使输出电压立刻降低接近于零。必须在排除电路故障之后，才可启动复位按钮，使输出电压恢复正常。不得使稳压电源长时间处于过载状态。

④ 稳压电源一般只提供功率，不能吸收功率。

2.2　示波器及其基本测量方法

1. 示波器概述

示波器(又称阴极射线示波器)可以用来观察和测量随时间变化的电信号图形，是进行电信号特性测试的常用电子仪器。由于示波器能够直接显示出被测电信号的波形，测量功能全面，加之具有灵敏度高，输入阻抗大和过载能力强等一系列特点，所以在近代科学技术领域中得到了极其广泛的应用。

示波器的种类很多，电路实验中常用的有普通单线示波器、长余辉示波器和双踪(双线)示波器等，它们的基本工作原理是相似的。

2. 示波器的结构

普通示波器主要由示波管、(Y 轴)垂直放大器、扫描(锯齿波)信号发生器、(X 轴)水平放大器以及电源等部分组成，其结构框图如附图 2.2.1 所示。

(1) 示波管

示波管是示波器的核心部件，它主要包括电子枪、偏转板和荧光显示屏等几个部分，如附图 2.2.2 所示。

示波管的电子枪包括灯丝、阴极、控制栅、第一阳极和第二阳极。阴极被灯丝加热时发射出大量电子，电子穿过控制栅后被第一阳极和第二阳极加速和聚焦，所以电子枪的作用是产生一束极细的高速电子射线。由于两对平行的偏转板上加有随时间变化的电压，高速电子射线经过偏转板时就会在电场力的作用下发生偏移，偏移距离与偏转板上所加的电压成正比。最后电子射线高速撞在涂有荧光剂的屏面上，发出可见的光点来。

(2) Y 轴放大器

Y 轴放大器把被测信号电压放大到足够的幅度，然后加在示波管的垂直偏转板上。Y 轴

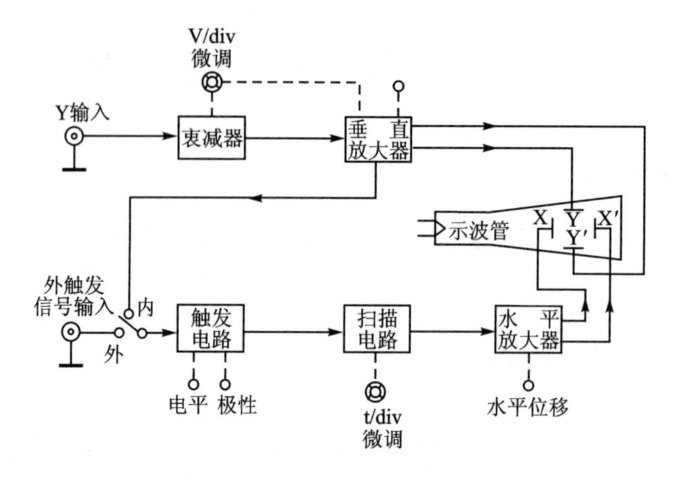

附图 2.2.1　示波管结构框图

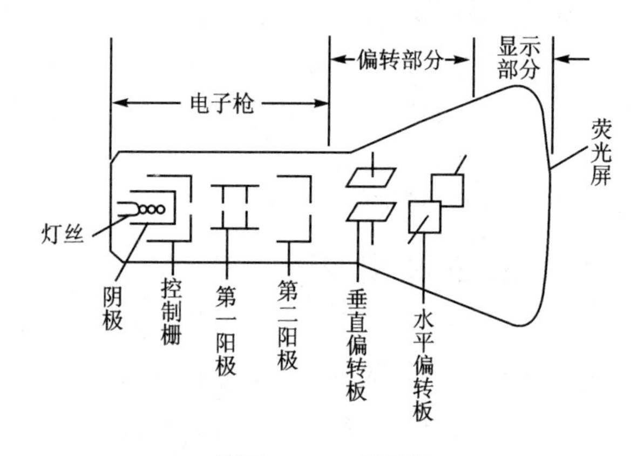

附图 2.2.2　示波管

放大器还带有衰减器用以调节垂直幅度，确保显现图形的垂直幅度适当或进行定量测量。这部分也称为 Y 通道。

(3) 扫描信号发生器

扫描信号发生器产生一个与时间呈线性关系的周期性锯齿波电压(又称扫描电压)，经过 X 轴放大器放大以后，再加在示波管水平偏转板上，X 轴放大器还带有衰减器。这部分也称为 X 通道或扫描时基部分。

(4) 供电电源

电源部分向示波管和其他电子管(或晶体管)元件提供所需的各组高低压电源，以保证示波器各部分的正常工作。

3. 示波器显示被测信号波形的原理

当示波管垂直偏转板上加有待测信号电压 $u_Y=U_{Ym}\sin\omega t$，水平偏转板上加有同频率锯齿波电压 u_X 时，电子束的偏转是垂直和水平两个电场力合成的结果，如附图 2.2.3 所示。由两个电场力合成的电子射线光点在某一瞬间打在荧光屏上的位置就决定于该时刻 u_Y 和 u_X 的数值。例如，当 $t=0$ 时，$u_Y=0$，$u_X=-U_{xm}$，光点出现在 a 点；当 $t=1,2,\cdots$ 时，光点分别出现在 $b,c,\cdots$ 各点。

显然，为了使每一个周期内 u_Y 和 u_X 的合成图形重合，必须保证 u_Y 和 u_X 的频率一致或

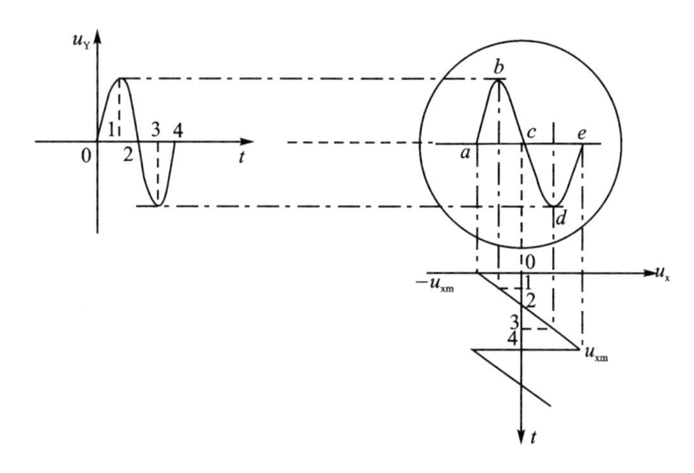

附图 2.2.3 示波器的信号显示

具有整数倍的关系，这样，荧光屏上的图形才是稳定不动的。通常，这是由锯齿波信号发生器内的同步（整步）电路来完成的，它能够强迫锯齿波的频率与 u_Y 频率（或外来信号频率）保持同步。

4. 示波器面板上各旋钮或开关的作用

示波器种类不同，旋钮开关的数目以及在面板上的位置和称呼也不全相同，但大体上可以分为主机、Y 通道和 X 通道三部分。

(1) 主机部分

① 电源开关——用来接通或切断电源，接通电源时指示灯亮。

② 亮度旋钮——也称辉度旋钮，用来控制荧光屏上显示波形的亮度。

③ 聚焦旋钮——调节荧光屏上亮点的大小即图形的清晰度。

④ 辅助聚焦旋钮——作用与聚焦旋钮相同，通常两者配合调节。

⑤ 标尺亮度旋钮——调节荧光屏坐标照明的亮度。

(2) Y 通道

① Y 轴位移旋钮——控制荧光屏上图形在垂直方向的位置。

② Y 轴增幅或 Y 轴衰减旋钮——用以调节图形 Y 轴方向的幅度。

③ V/cm（伏/厘米）开关——用以选择 Y 轴偏转灵敏度，即步级调节 Y 轴幅度，以便定量计算幅值。

④ AC/DC 开关——选择 Y 轴放大器的交流或直流输入状态。

(3) X 通道

① X 轴位移旋钮——控制荧光屏上图形在水平方向的位置。

② X 轴增幅或 X 轴衰减旋钮——用以调节图形 X 轴方向的幅度。

③ 扫描范围开关——步级调节（粗调）扫描信号的频率。

④ 扫描微调旋钮——微调扫描信号频率。

⑤ 整步选择开关——用以选择内、外或电源同步信号。

⑥ 整步增幅旋钮——控制同步信号电压的幅度。

⑦ s/cm（秒/厘米）开关——用以选择扫描周期，以便定量计算时间量。

⑧ 水平工作选择开关——用来接通或切断 X 通道中的扫描信号，以转换示波器的工

作方式。

5. 示波器的基本测量方法

(1) 幅度(电压、电流幅值)的测量方法

① 测量电压幅值是示波器最基本的测量功能之一。按示波器种类不同,常用以下两种方法测量电压幅值。

● 对于有 V/cm 开关的示波器,Y 轴的坐标比例已经确定,故只需将被测信号所占坐标的格子数(cm)乘以 V/cm 开关所指的刻度即可测出其幅值。若荧光屏上波形如附图 2.2.4 所示,正弦电压峰-峰值占有 7 个格子,而 V/cm 开关指向 0.5 V,则

$$u_{\text{P-P}} = 7\ \text{cm} \times 0.5\ \text{V/cm} = 3.5\ \text{V}$$

● 对于 Y 轴只有连续调节增幅的示波器,需要首先输入一个已知幅值的标准信号电压,调节 Y 轴增幅以确定荧光屏上 Y 轴的坐标单位(定标 V/cm),再将被测信号输入,幅值计算方与上述的相同。注意,定标后,不能再旋动 Y 轴增幅旋钮。

● 测量电流一般是用电阻取样法将电流信号转换为电压信号以后,再进行测量。例如,在附图 2.2.5 中,为要测量 Z 支路的电流 i,先串接一个取样电阻 r,则

$$u_r = i \cdot r, \quad i = \frac{u_r}{r}$$

因此,用示波器测出 u_r 幅值后,再除以取样电阻即可得出支路电流 i。在这里有几个问题要注意:

● 为减小取样电阻 r 对原电路的影响,通常取 $r \ll z$。

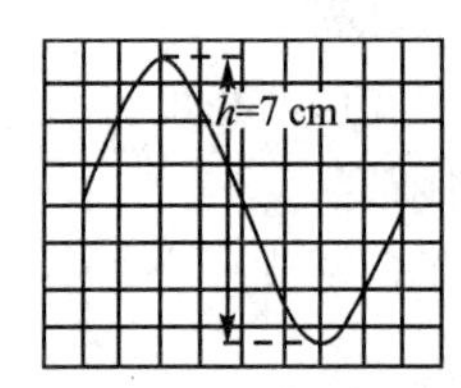

附图 2.2.4 电压幅值的测量与计算

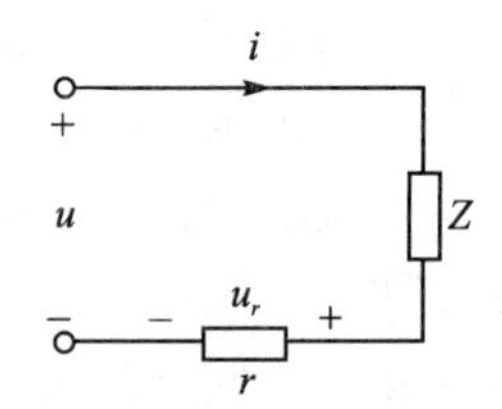

附图 2.2.5 电流幅值的测量方法

● 取样电阻应为无感电阻,同时阻值误差要小。

● 注意示波器地线的合理选取。如果电源采用信号发生器,则信号发生器和示波器的地线一般要连接在一起,这时,取样电阻的地线取法常用附图 2.2.6(a)所示的形式。如果信号源和示波器的地线不需连接在一起,则地线也可采用附图 2.2.6(b)的形式。这时接地点不同,观察到的 u_r 相位也不同。

(2) 频率(周期)的测量方法

用示波器测量信号频率(或周期)的方法基本上可分为两大类:一种是利用扫描工作方式;另一种是用示波器的 X－Y 工作方式(水平工作方式)。下面分别加以介绍。

① 用示波器的扫描工作方式测量信号的频率(或周期),实质上是在确定锯齿波的周期(时间)坐标(称为定时标)之后,再与被测信号的周期进行比较测量。

● 对于 X 通道部分有 s/cm 开关的示波器,X 轴的时间坐标已经确定,因此,只需将被测信号的一个周期所占有的格子数(厘米)乘以 s/cm 开关所示的刻度,即可测出周期。若仍如附图 2.2.4 所示的波形,正弦信号一个周期在水平方向占有 8 个格子,s/cm 开关指向

5 ms，则

$$T = 8\ \text{cm} \times 5\ \text{ms/cm} = 40\ \text{ms}$$

所以正弦信号周期为 40 ms，即频率为 25 Hz。

注意，此时示波器的扫描扩展旋钮应置于校正位置。

● 对于 X 轴只有扫描范围（粗调）和扫描微调的示波器，X 轴的时间坐标未被确定，因此需要首先输入一个已知周期的标准信号，调节扫描频率和整步增幅，使其图形稳定下来，这时由标准信号一个周期所占的格子数即可确定 s/cm 的数值，然后再将被测信号输入。周期的计算方法与上相同。注意，确定了 X 坐标之后，不能再旋动扫描范围（粗调）和微调旋钮。

● 此外，还有一些示波器设有专门用来测量频率的时标开关。被测信号稳定后将时标开关合上，于是，被测波形轮廓成为间断亮点（线）。时标开关所指的刻度即代表两个亮点之间的时间。例如，附图 2.2.7 所示的正弦波，一个周期内共有 16 个亮点，若时标指向 1 ms，则

$$T = 1 \times 10^{-3}\,\text{s} \times 16 = 16 \times 10^{-3}\,\text{s} = 16\ \text{ms}$$

对于其他时间量，如时间常数等，测量方法完全相同。

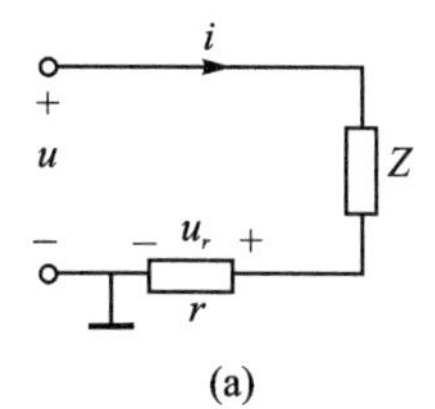

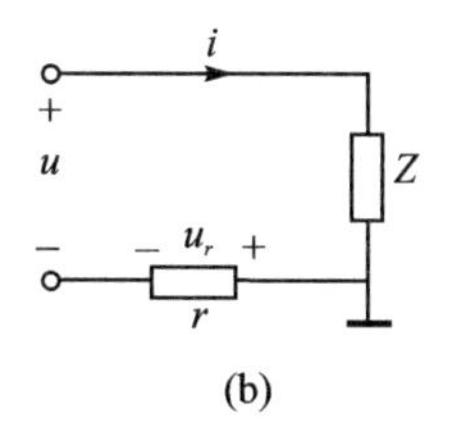

附图 2.2.6　示波器地线的连接方式

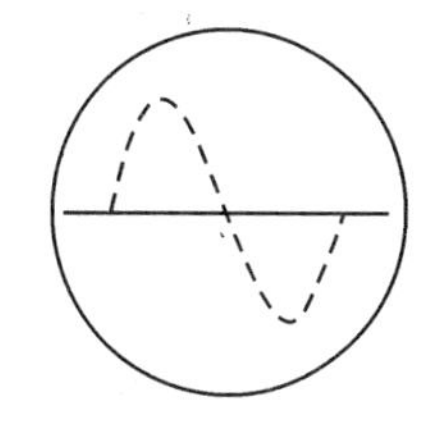

附图 2.2.7　用时标开关测量波形周期

② 利用示波器的 X－Y 工作方式，即把水平工作选择开关置于水平工作状态，此时，锯齿波信号被切断，X 轴输入已知标准频率的信号，经放大后加至水平偏转板。Y 轴输入待测频率的信号，经放大后加至垂直偏转板，荧光屏上呈现的是 u_X 和 u_Y 的合成图形，即李沙育图形。从李沙育图形的形状可以判定被测信号（u_Y）的频率。当李沙育图形稳定后，设荧光屏水平方向与图形的切线交点数为 N_X，垂直方向与图形的切线交点数为 N_Y，则已知频率 f_x 与待测频率 f_y 有如下关系：

$$\frac{f_y}{f_x} = \frac{N_x}{N_y}$$

即

$$f_y = f_x \frac{N_x}{N_y}$$

附图 2.2.8 示出了几种常见的李沙育图形及对应的频率比。

f_x:f_y	1:2	1:3	3:1	2:3	3:2
李沙育图形					

附图 2.2.8　利用李沙育图形测量频率

③ 同频率两信号之间相角差的测量方法：相角差实际上仍然是一种时间量，只不过输入是两个信号。利用X轴扫描定时标的方法，需要采用能同时显现出两个输入信号的双踪示波器，将Y_1、Y_2之间的相角差折算成时间后即可测出。例如，若测得信号周期所占的格子为A，两信号的相角差所占的格子为B，则相角差为

$$\varphi=\frac{B}{A}\cdot 360^\circ$$

若无双踪示波器，也可用电子开关和普通示波器配合测量。

用李沙育图形也可以测量相角差。测量时，u_1接示波器X轴输入，u_2接Y轴输入，u_1与u_2相位不同，荧光屏上就会出现不同的图形。在附图2.2.9中，u_2比u_1滞后φ角，李沙育图形为一斜椭圆。其中，a表示t_1(u_2过零)时刻u_1的幅值，b表示在t_2时刻u_1的峰值，则

$$a=b\sin\varphi$$

即

$$\varphi=\arcsin\left(\frac{a}{b}\right)$$

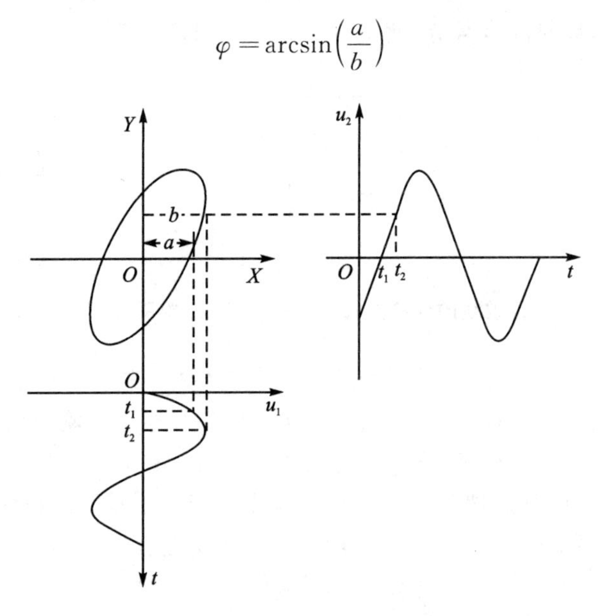

附图2.2.9　用李沙育图形测量相角差

④ 示波器的X-Y工作方式除了可以用来显示李沙育图形外，还可以用来显示元件的特性曲线以及状态轨迹等。总之，示波器X-Y工作方式是将两个互相关联的电信号分别从X轴和Y轴输入，显示的图形则是这两个信号的合成，图解的方法与附图2.2.3所示的相类似。

6. 示波器的使用注意事项

① 示波器接通电源后需预热数分钟后再开始使用。

② 使用过程中，应避免频繁开关电源，以免损坏示波器。暂时不用时，只需将荧光屏的亮度调暗即可。

③ 荧光屏上所显示的亮点或波形的亮度要适当，光点不要长时间停留在一点上，以免损伤荧光屏。

④ 示波器的地端应与被测信号电压的地端接在一起，以避免引入干扰信号。

⑤ 示波器的Y轴输入与X轴输入的地端是连通的，若同时使用X、Y两路输入时，公共

地线不要接错。

2.3　TDS 1000 系列数字示波器

1. 概　述

数字示波器不仅具有多重波形显示、分析和数学运算功能，波形、设置、CSV 和位图文件存储功能，自动光标跟踪测量功能，波形录制和回放功能等，还支持即插即用 USB 存储设备和打印机，并通过 USB 存储设备进行软件升级等。

数字示波器前面板各通道标志、旋钮和按键的位置及操作方法与传统示波器类似。现以 TDS 1000 系列数字示波器为例加以说明。TDS 1000 系列数字示波器是美国 Tektronix（泰克）公司生产的一款数字存储示波器，具有 40 MHz 的带宽、双输入通道、500 ms/s 的取样速率、支持 USB 闪存、体积小、量程宽和功能全面易用等特点。TDS 1000 系列数字示波器可广泛应用于产品的设计与调试，企业、学校的教育与培训，工厂的制造测试、质量控制、生产维修等活动，是一种不可或缺的辅助设备。

2. 面板控制件介绍

TDS 1000 系列数字示波器前操作面板如附图 2.3.1 所示。按功能分，前面板有 8 大区，即液晶显示区、功能菜单操作区、常用菜单区、执行按键区、垂直控制区、水平控制区、触发控制区和信号输入/输出区。

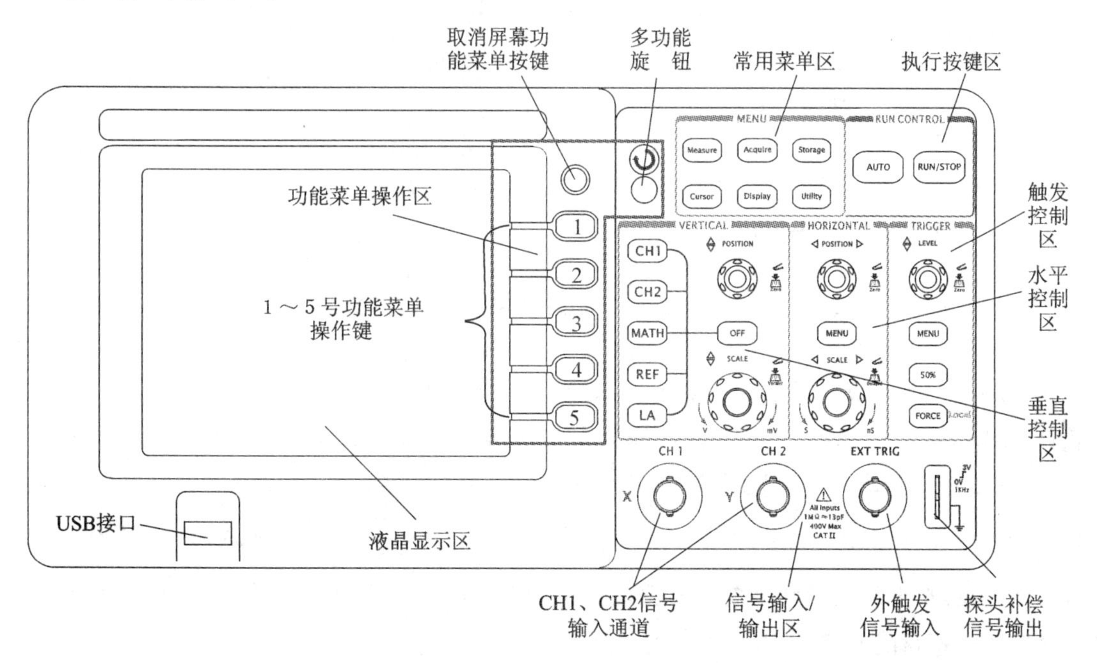

附图 2.3.1　TDS 1000 系列前操作面板

功能菜单操作区有 5 个数字按键、1 个多功能旋钮和 1 个取消功能菜单按键。5 个数字按键用于操作屏幕右侧的功能菜单及子菜单；多功能旋钮用于选择和确认功能菜单中下拉菜单的选项等；取消功能菜单按键用于取消屏幕上显示的功能菜单。

常用菜单区如附图 2.3.2 所示。按下任一按键，屏幕右侧会出现相应的功能菜单。通过功能菜单操作区的 5 个按键可选定功能菜单的选项。功能菜单选项中有“◁”符号的，表明该选项有下拉菜单。打开下拉菜单后,可转动多功能旋钮(↻)选择相应的项目并按下确认。功能菜单上、下有“⬆”“⬇”符号,表明功能菜单一页未显示完,可操作按键上、下翻页。功能菜单中有↻,表明该项参数可转动多功能旋钮进行设置调整。按下取消功能菜单按钮,显示屏上的功能菜单立即消失。

执行按键区有AUTO(自动设置)和RUN/STOP(运行/停止)2个按键。按下AUTO按键,示波器将根据输入信号,自动设置和调整垂直、水平及触发方式等各项控制值,使波形显示达到最佳适宜的观察状态,如需要,还可进行手动调整。按AUTO键后,菜单显示及功能如附图2.3.3所示。RUN/STOP键为运行/停止波形采样按键。运行(波形采样)状态时,按键为黄色;按一下按键,停止波形采样且按键变为红色,有利于绘制波形并可在一定范围内调整波形的垂直衰减和水平时基,再按一下,恢复波形采样状态。

注意:当应用自动设置功能时,要求被测信号的频率高于或等于50 Hz,占空比大于1%。

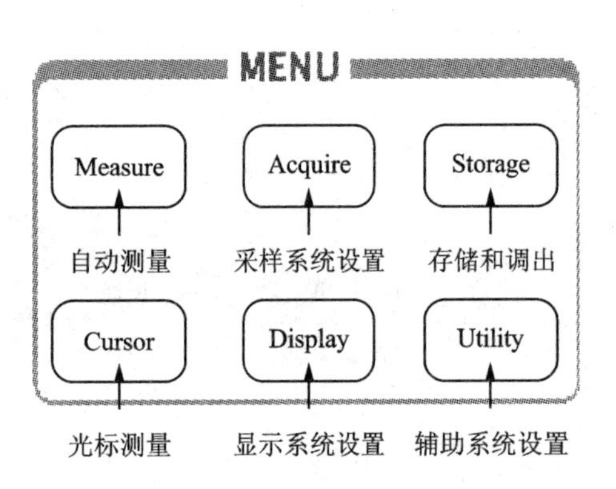

附图2.3.2 常用菜单区

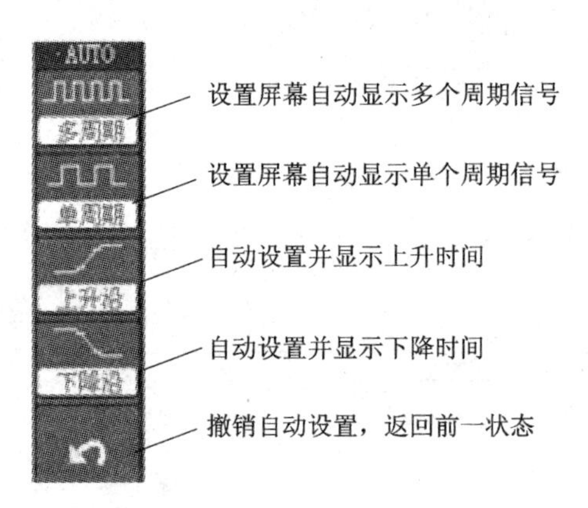

附图2.3.3 AUTO按键功能

垂直系统操作区如附图2.3.4所示。垂直位置POSITION旋钮可设置所选通道波形的垂直显示位置。转动该旋钮不但显示的波形会上下移动,且所选通道的“地”(GND)标识也会随波形上下移动并显示于屏幕左状态栏,移动值则显示于屏幕左下方;按下垂直POSITION旋钮,垂直显示位置快速恢复到零点(显示屏水平中心位置)处。垂直衰减SCALE旋钮调整所选通道波形的显示幅度。转动该旋钮改变“Volt/div(伏/格)”垂直挡位,同时下状态栏对应通道显示的幅值也会发生变化。CH1、CH2、MATH、REF为通道或方式按键,按下某按键屏幕将显示其功能菜单、标志、波形和挡位状态等信息。OFF键用于关闭当前选择的通道。

水平系统操作区如附图2.3.5所示,主要用于设置水平时基。水平位置POSITION旋钮调整信号波形在显示屏上的水平位置,转动该旋钮不但波形随旋钮水平移动,且触发位移标志“▌”也在显示屏上部随之移动,移动值显示在屏幕左下角;按下此旋钮触发位移恢复到水平零点(显示屏垂直中心线置)处。水平衰减SCALE旋钮改变水平时基挡位设置,转动该旋钮改变“s/div(秒/格)”水平挡位,下状态栏Time后显示的主时基值也会发生相应的变化。水平扫描速度从20 ns ~50 s,以1—2—5的形式步进。按动水平SCALE旋钮可快速打开或关闭延迟扫描功能。按水平功能菜单 MENU 键，显示 TIME 功能菜单，在此菜单下，可开启/关闭延迟扫描，切换 Y(电压)－T(时间)、X(电压)－Y(电压)和 ROLL(滚动)模式，设置水平触发位移复位等。

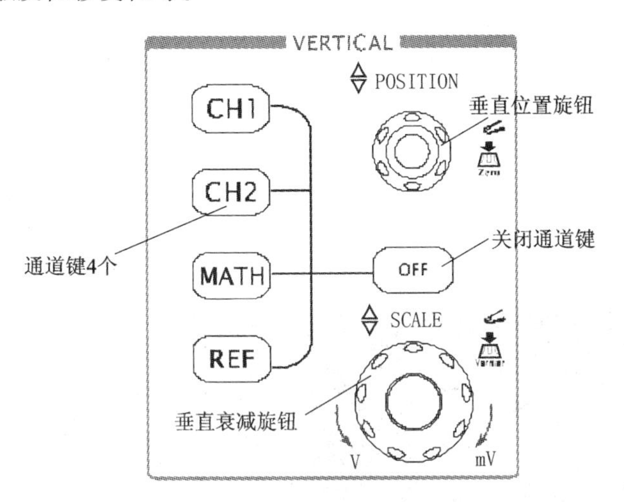

附图 2.3.4　垂直系统操作区

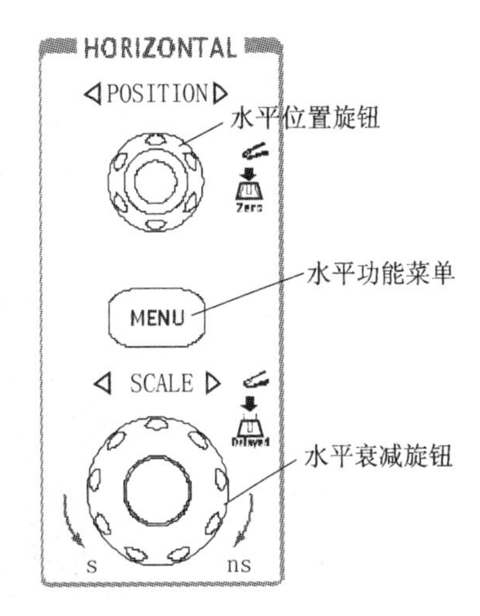

附图 2.3.5　水平系统操作区

触发系统操作区如附图 2.3.6 所示，主要用于触发系统的设置。转动 LEVEL 触发电平设置旋钮，屏幕上会出现一条上下移动的水平黑色触发线及触发标志，且左下角和上状态栏最右端触发电平的数值也随之发生变化。停止转动 LEVEL 旋钮，触发线、触发标志及左下角触发电平的数值会在约 5 s 后消失。按下 LEVEL 旋钮触发电平快速恢复到零点。按 MENU 键可调出触发功能菜单，改变触发设置。50% 按键，设定触发电平在触发信号幅值的垂直中点。按 FORCE 键，强制产生一触发信号，主要用于触发方式中的“普通”和“单次”模式。

信号输入/输出区如附图 2.3.7 所示，“CH1”和“CH2”为信号输入通道，EXIT TREIG 为外触发信号输入端，最右侧为示波器校正信号输出端(输出频率 1 kHz、幅值 3 V 的方波信号)。

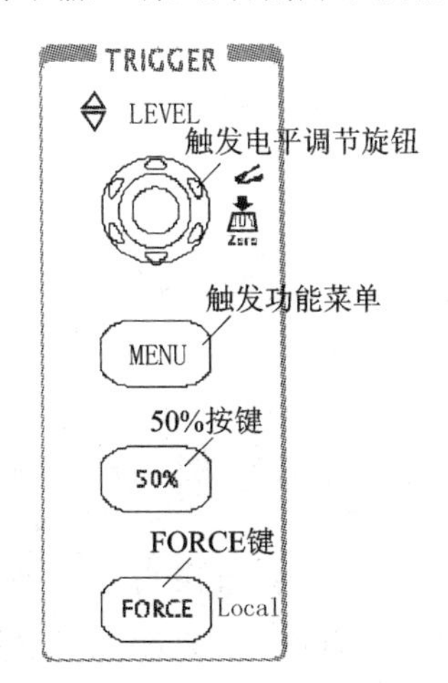

附图 2.3.6　触发系统操作区

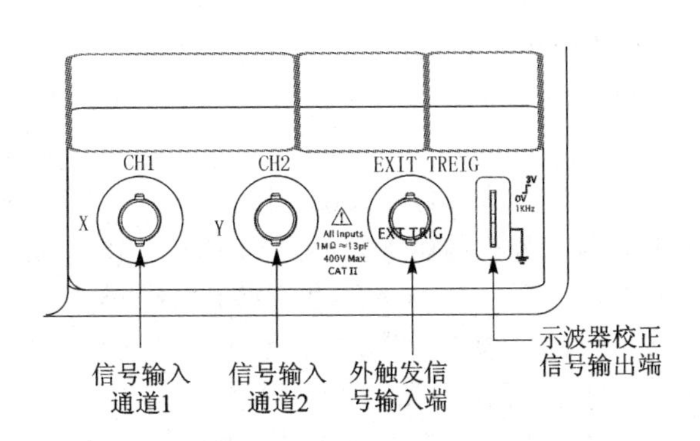

附图 2.3.7　信号输入/输出区

3. TDS 1000 系列数字示波器显示界面说明

TDS 1000 系列数字示波器显示界面如附图 2.3.8 所示,它包括波形显示区和状态显示区。液晶屏边框线以内为波形显示区,用于显示信号波形、测量数据、水平位移、垂直位移和触发电平值等。位移值和触发电平值在转动旋钮时显示,停止转动 5 s 后则消失。显示屏边框线以外为上、下、左 3 个状态显示区(栏)。下状态栏通道标志为黑底的是当前选定通道,操作示波器面板上的按键或旋钮只对当前选定通道有效,按下通道按键则可选定被按通道。状态显示区显示的标志位置及数值随面板相应按键或旋钮的操作而变化。

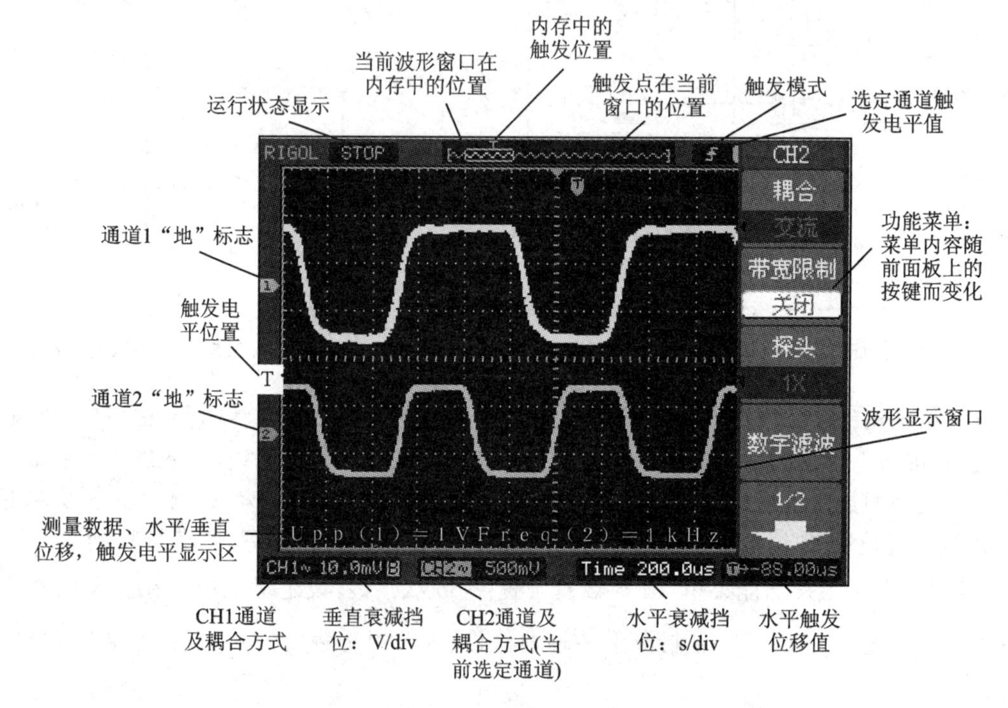

附图 2.3.8 数字示波器显示界面

4. 操作方法

(1) 安 装

请使用电压为 AC_{RMS} 90～264 V 且频率为 45～66 Hz 的电源。如果使用频率为 400 Hz 的电压,则其电压必须为 AC_{RMS} 90～132 V,频率为 360～440 Hz。

执行功能检查来验证示波器是否正常工作。

① 打开示波器电源,按下 DEFAULT SETUP(默认设置)按键,探头选项默认的衰减设置为 10X。

② 在 P2220 探头上将开关设定到 10X 并将探头连接到示波器的通道 1 上。要进行此操作,请将探头连接器上的插槽对准 CH1 BNC 上的凸键,按下即可连接,然后向右转动将探头锁定到位。将探头端部和基准导线连接到“探头补偿”终端上。

③ 按下“自动设置”按钮,在数秒钟内,应当可以看到频率为 1 kHz、电压为 5 V 的峰-峰值方波。按两次前面板上的 CH1 MENU(CH1 菜单)按键删除通道 1,按下 CH2 MENU(CH2 菜单)按键显示通道 2,重复第 2 步和第 3 步。对于 4 通道型号,对 CH3 和 CH4 重复以上步骤。

1）探头安全性

使用探头之前，请查看并遵守探头的额定值。P2220 探头主体周围的防护装置可保护手指以防止电击。

进行任何测量前，都须将探头连接到示波器并将接地端接地。

2）探头衰减设置

探头具有不同的衰减系数，它影响信号的垂直刻度。探头检查向导验证示波器的衰减系数是否与探头匹配。作为探头检查的替代方法，您可以手动选择与探头衰减相匹配的系数。例如，要与连接到 CH1 的设置为 10X 的探头相匹配，请按下 CH1 MENU（CH1 菜单）→“探头”→“电压”→“衰减”选项，然后选择 10X。

（2）基本操作

1）使用菜单系统

示波器的用户界面设计用于通过菜单结构方便地访问特殊功能。

按下前面板按键，示波器将在屏幕的右侧显示相应的菜单。该菜单显示直接按下屏幕右侧未标记的选项按钮时可用的选项。

示波器使用下列几种方法显示菜单选项：

页（子菜单）选择：对于某些菜单，可使用顶端的选项按键来选择两个或三个子菜单。每次按下顶端按键时，选项都会随之改变。例如，按下 TRIGGER MENU（触发菜单）中的顶部按键时，示波器会循环显示“边沿”“视频”和“脉冲”触发子菜单。

循环列表：每次按下选项按键时，示波器都会将参数设定为不同的值。例如，通过按下 CH1 MENU（CH1 菜单）按键，然后按下顶端的选项按键在“垂直（通道）耦合”各选项间切换。

在某些列表中，可以使用多用途旋钮来选择选项。使用多用途旋钮时，提示行会出现提示信息，并且当旋钮处于活动状态时，多用途旋钮附近的 LED 变亮。

动作：示波器显示按下“动作选项”按键时立即发生的动作类型。例如，如果在出现“帮助索引”时按下“下一页”选项按钮，示波器将立即显示下一页索引项。

单选键：示波器的每一选项都使用不同的按键。当前选择的选项突出显示。例如，按下 ACQUIRE（采集）菜单按键时，示波器会显示不同的获取方式选项。要选择某个选项，可按下相应的按键。

2）信号接入方法

以 CH1 通道为例介绍信号接入方法：

① 将探头上的开关设定为 10X，将探头连接器上的插槽对准 CH1 插口并插入，然后向右旋转拧紧。

② 设定示波器探头衰减系数。探头衰减系数改变仪器的垂直挡位比例，因而直接关系测量结果的正确与否。默认的探头衰减系数为 1X，设定时必须使探头上的黄色开关的设定值与输入通道“探头”菜单的衰减系数一致。衰减系数设置方法是：按 CH1 键，显示通道 1 的功能菜单，如附图 2.3.9 所示。按下与探头项目平行的 3 号功能菜单操作键，转动 ↻ 选择与探头同比例的衰减系数并按下 ↻ 予以确认，此时应选择并设定为 10X。

③ 把探头端部和接地夹接到函数信号发生器或示波器校正信号输出端。按 AUTO（自动设置）键，几秒钟后，在波形显示区即可看到输入函数信号或示波器校正信号的波形。

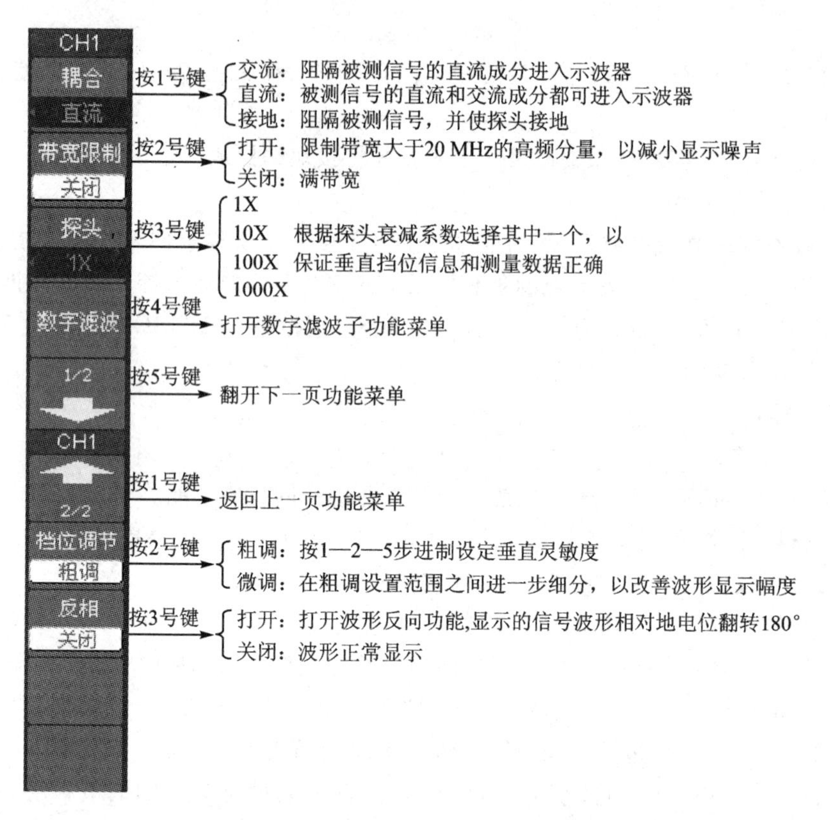

附图 2.3.9　通道功能菜单及说明

用同样的方法检查并向 CH2 通道接入信号：

① 为了加速调整，便于测量，当被测信号接入通道时，可直接按 AUTO 键以便立即获得合适的波形显示和挡位设置等。

② 示波器的所有操作只对当前选定(打开)通道有效。通道选定(打开)方法是：按 CH1 或 CH2 按键即可选定(打开)相应通道，且下状态栏中的通道标志变为黑底。关闭通道的方法是：按 OFF 键或再次按下通道按键当前选定通道即被关闭。

③ 数字示波器的操作方法类似于操作计算机，其操作分为三个层次：第一层，按下前面板上的功能键即进入不同的功能菜单或直接获得特定的功能应用；第二层，通过 5 个功能菜单操作键选定屏幕右侧对应的功能项目，或打开子菜单，或转动多功能旋钮 ↻ 调整项目参数；第三层，转动多功能旋钮 ↻ 选择下拉菜单中的项目，并按下 ↻ 对所选项目予以确认。

④ 使用时应熟悉并通过观察上、下、左状态栏来确定示波器设置的变化和状态。

(3) 高级应用

1) 垂直系统的高级应用

① 通道设置：该示波器 CH1 和 CH2 的垂直菜单是独立的，每个项目都要按不同的通道进行单独设置，但 2 个通道功能菜单的项目及操作方法则完全相同。现以 CH1 通道为例加以说明。

按 CH1 键，屏幕右侧显示 CH1 通道的功能菜单见附图 2.3.9。

A. 设置通道耦合方式：假设被测信号是一个含有直流偏移的正弦信号，其设置方法是：按CH1键→耦合→交流/直流/接地，分别设置为交流、直流和接地耦合方式，注意观察波形显示及下状态栏通道耦合方式符号的变化。

B. 设置通道带宽限制：假设被测信号是一含有高频振荡的脉冲信号。其设置方法是：按CH1键→带宽限制→关闭/打开，分别设置带宽限制为关闭/打开状态。前者允许被测信号含有的高频分量通过，后者则阻隔大于 20 MHz 的高频分量。注意观察波形显示及下状态栏垂直衰减挡位之后带宽限制符号的变化。

C. 调节探头比例：为了配合探头衰减系数，需要在通道功能菜单调整探头衰减比例。如探头衰减系数为 10∶1，示波器输入通道探头的比例也应设置成 10X，以免显示的挡位信息和测量的数据发生错误。探头衰减系数与通道“探头”菜单设置要求见附表 2.3.1。

附表 2.3.1　通道“探头”菜单设置表

探头衰减系数	通道“探头”菜单设置
1∶1	1X
10∶1	10X
100∶1	100X
1 000∶1	1 000X

D. 垂直挡位调节设置：垂直灵敏度调节范围为 2 mV/div 至 5 V/div。挡位调节分为粗调和微调两种模式。粗调以 2 mV/div，5 mV/div，10 mV/div，20 mV/div，…，5 V/div 的步进方式调节垂直挡位灵敏度。微调指在当前垂直挡位下进一步细调。如果输入的波形幅度在当前挡位略大于满刻度，而应用下一挡位波形显示幅度稍低，可用微调改善波形显示幅度，以利于观察信号的细节。

E. 波形反相设置：波形反相关闭，显示正常被测信号波形；波形反相打开，显示的被测信号波形相对于地电位翻转 180°。

F. 数字滤波设置：按数字滤波对应的 4 号功能菜单操作键，打开 Filter（数字滤波）子功能菜单，如附图 2.3.10 所示。可选择滤波类型，见附表 2.3.2；转动多功能旋钮（↻）可调节频率上限和下限；设置滤波器的带宽范围等。

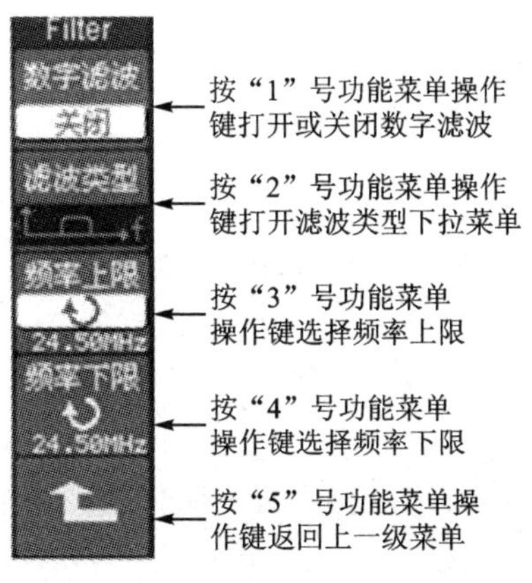

附图 2.3.10　数字滤波子功能菜单

附表 2.3.2　数字滤波子菜单说明

功能菜单	设　定	说　明
数字滤波	关闭	关闭数字滤波器
	打开	打开数字滤波器
滤波类型	O f	设置为低通滤波器
	O f	设置为高通滤波器
	O f	设置为带通滤波器
	O f	设置为带阻滤波器
频率上限	↻（上限频率）	转动多功能旋钮↻设置频率上限
频率下限	↻（下限频率）	转动多功能旋钮↻设置频率下限
		返回上一级菜单

② MATH(数学运算)按键功能:数学运算(MATH)功能菜单及说明见附图2.3.11和附表2.3.3。它可显示CH1、CH2的波形相加、相减、相乘以及FFT(傅里叶变换)运算的结果。数学运算结果同样可以通过栅格或光标进行测量。

③ REF(参考)按键功能:在有电路工作点参考波形的条件下,通过REF按键的菜单,可以把被测波形和参考波形样板进行比较,以判断故障原因。

④ 垂直◎POSITION和◎SCALE旋钮的使用:

A. 垂直◎POSITION旋钮调整所有通道(含MATH和REF)波形的垂直位置。该旋钮的解析度根据垂直挡位而变化,按下此旋钮选定通道的位移立即回零即显示屏的水平中心线。

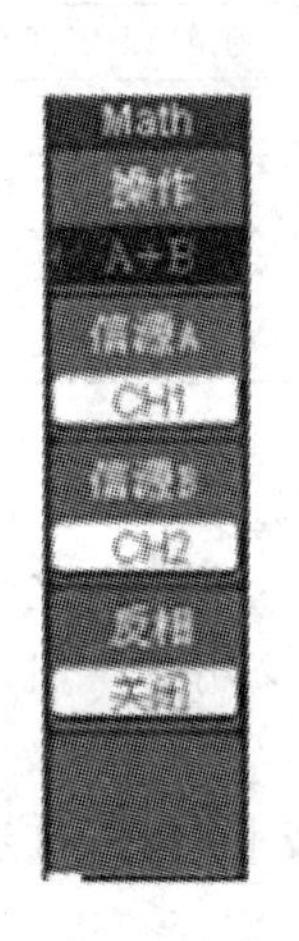

附图2.3.11 Math功能菜单

附表2.3.3 MATH功能菜单说明

功能菜单	设定	说明
操作	A+B	信源A与信源B相加
	A−B	信源A与信源B相减
	A×B	信源A与信源B相乘
	FFT	FFT(傅里叶)数学运算
信源A	CH1	设置信源A为CH1通道波形
	CH2	设置信源A为CH2通道波形
信源B	CH1	设置信源B为CH1通道波形
	CH2	设置信源B为CH2通道波形
反相	打开	打开数学运算波形反相功能
	关闭	关闭数学运算波形反相功能

B. 垂直◎SCALE旋钮调整所有通道(含MATH和REF)波形的垂直显示幅度。粗调以1—2—5步进方式确定垂直挡位灵敏度。顺时针增大显示幅度,逆时针减小显示幅度。细调是在当前挡位进一步调节波形的显示幅度。按动垂直◎SCALE旋钮,可在粗调、微调间切换。

调整通道波形的垂直位置时,屏幕左下角会显示垂直位置信息。

2) 水平系统的高级应用

① 水平◎POSITION和◎SCALE旋钮的使用

A. 转动水平◎POSITION旋钮可调节通道波形的水平位置。按下此旋钮触发位置立即回到屏幕中心位置。

B. 转动水平◎SCALE旋钮,可调节主时基,即秒/格(s/div)。当延迟扫描打开时,转动水平◎SCALE旋钮可改变延迟扫描时基以改变窗口宽度。

② 水平[MENU]键的使用:按下水平[MENU]键,显示水平功能菜单,如附图2.3.12所示。在X—Y方式下,自动测量模式、光标测量模式、REF和MATH、延迟扫描、矢量显示类型、水平◎POSITION旋钮、触发控制等均不起作用。

延迟扫描用来放大某一段波形,以便观测波形的细节。在延迟扫描状态下,波形被分成上、下两个显示区,如附图2.3.13。上半部分显示的是原波形,中间黑色覆盖区域是被水平扩

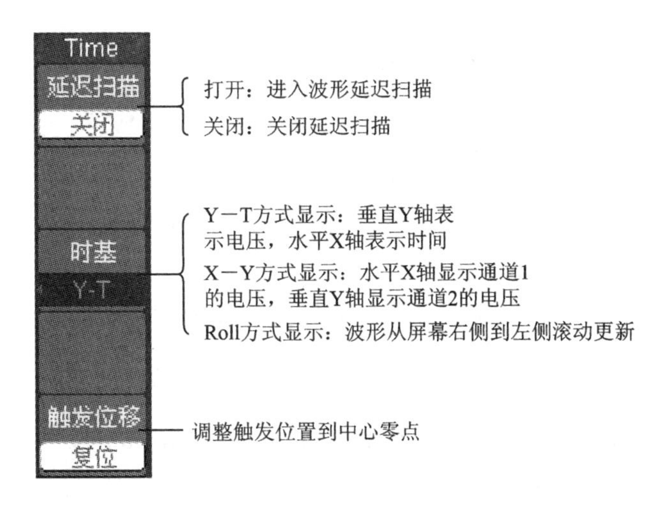

附图 2.3.12　显示水平功能菜单

展的波形部分。此区域可通过转动水平POSITION旋钮左右移动或转动水平SCALE旋钮扩大和缩小。下半部分是对上半部分选定区域波形的水平扩展即放大。由于整个下半部分显示的波形对应于上半部分选定的区域，因此转动水平SCALE旋钮减小选择区域可以提高延迟时基，即提高波形的水平扩展倍数。可见，延迟时基相对于主时基提高了分辨率。

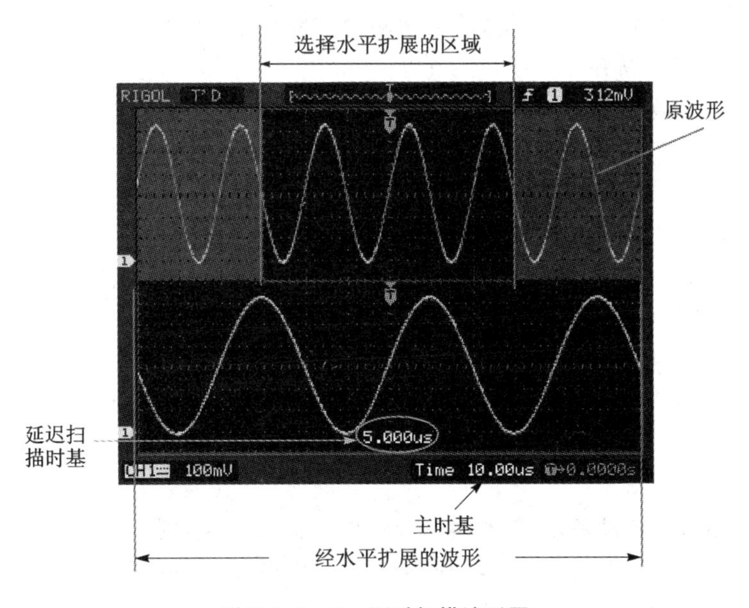

附图 2.3.13　延时扫描波形图

按下水平SCALE旋钮可快速退出延迟扫描状态。

5. 应用实例

(1) 简单测量

当需要查看电路中的某个信号，但又不了解该信号的幅值或频率时，如何快速显示该信号，并测量其频率、周期和峰-峰值。

1）使用“自动设置”

要快速显示某个信号，可按如下步骤进行：

① 按下 CH1 MENU(CH1 1 菜单)按键。

② 按下“探头”→“电压” →“衰减”→10X 按键。

③ 将 P2220 探头上的开关设定为 10X。

④ 将通道 1 的探头端部与信号连接，将基准导线连接到电路基准点。

⑤ 按下“自动设置”按钮。

示波器自动设置垂直、水平和触发控制。如果要优化波形的显示，可手动调整上述控制。

2）进行自动测量

示波器可自动测量多数显示的信号。

说明：如果“值”读数中显示问号(?)，则表明信号在测量范围之外。请将“伏/格”旋钮调整到适当的通道以减小灵敏度或更改“秒/格”设置。

要测量信号的频率、周期、峰-峰值幅度、上升时间以及正频宽，应按照以下步骤进行操作：

① 按下 MEASURE(测量)按钮查看 Measure(测量)菜单。

② 按下顶部选项按钮，显示 Measure 1 Menu(测量 1 菜单)。

③ 按下“类型”→“频率”“值”读数将显示测量结果及更新信息。

④ 按下“返回”选项按钮。

⑤ 按下顶部第二个选项按钮，显示 Measure 2 Menu(测量 2 菜单)。

⑥ 按下“类型”→“周期”“值”读数将显示测量结果及更新信息。

⑦ 按下“返回”选项按钮。

⑧ 按下中间的选项按钮，显示 Measure 3 Menu(测量 3 菜单)。

⑨ 按下“类型”→“峰-峰值”“值”读数将显示测量结果及更新信息。

⑩ 按下“返回”选项按钮。

⑪ 按下底部倒数第二个选项按钮，显示 Measure 4 Menu (测量 4 菜单)。

⑫ 按下“类型”→“上升时间”“值”读数将显示测量结果及更新信息。

⑬ 按下“返回”选项按钮。

⑭ 按下底部的选项按钮，显示 Measure 5 Menu(测量 5 菜单)。

⑮ 按下“类型”→“正频宽”“值”读数将显示测量结果及更新信息。

⑯ 按下“返回”选项按钮。

3）测量两个信号

如果您正在测试一台设备，并需要测量音频放大器的增益，则需要一个音频发生器，将测试信号连接到放大器输入端，将示波器的两个通道分别与放大器的输入和输出端相连，测量两个信号的电平，并使用测量结果计算增益的大小。

要激活并显示连接到通道 1 和通道 2 的信号，并选择两个通道，按照以下步骤进行测量：

① 按下“自动设置”按键。

② 按下 MEASURE(测量)按键查看 Measure(测量)菜单。

③ 按下顶部选项按键，显示 Measure 1 Menu(测量 1 菜单)。

④ 按下“信源”→CH1。

⑤ 按下“类型”→“峰-峰值”。

⑥ 按下“返回”选项按键。

⑦ 按下顶部第二个选项按键，显示 Measure 2 Menu(测量 2 菜单)。

⑧ 按下“信源”→CH2。

⑨ 按下“类型”→“峰-峰值”。

⑩ 按下“返回”选项按键，读取两个通道的峰-峰值。

⑪ 要计算放大器电压增益，可使用下列公式：

电压增益＝输出幅度/输入幅度

电压增益(dB)＝20×log 电压增益

(2) 使用自动量程来检查一系列测试点

如果计算机出现故障，则需要找到若干测试点的频率和 RMS 电压，并将这些值与理想值相比较。您不能访问前面板控制，因为在探测很难够得着的测试点时，您必须两手并用。步骤如下：

① 按下 CH1 MENU(CH1 菜单)按键。

② 按下“探头”→“电压”→“衰减”，对其进行设置，使其与连接到通道 1 的探头衰减相匹配。

③ 按下“自动量程”按键以激活自动量程，并选择“垂直和水平”选项。

④ 按下 MEASURE(测量)按键查看 Measure(测量)菜单。

⑤ 按下顶部选项按键，显示 Measure 1 Menu(测量 1 菜单)。

⑥ 按下“信源”→CH1。

⑦ 按下“类型”→“频率”。

⑧ 按下“返回”选项按键。

⑨ 按下顶部第二个选项按键，显示 Measure 2 Menu(测量 2 菜单)。

⑩ 按下“信源”→CH1。

⑪ 按下“类型”→“均方根值”。

⑫ 按下“返回”选项按键。

⑬ 将探头端部和基准导线连接到第一个测试点。读取示波器显示的频率和周期均方根测量值，并与理想值相比较。

⑭ 对每个测试点重复步骤⑬，直到找到出现故障的组件。

说明：自动量程有效时，每当探头移动到另一个测试点，示波器都会重新调节水平刻度、垂直刻度和触发电平，以提供有用的显示。

(3) 光标测量

使用光标可快速对波形进行时间和振幅测量。测量振荡的频率和振幅，要测量某个信号上升沿的振荡频率，按照以下步骤进行：

① 按下 CURSOR(光标)按键查看 Cursor(光标)菜单。

② 按下“类型”→“时间”。

③ 按下“信源”→CH1。

④ 按下“光标 1”选项按键。

⑤ 旋转多用途旋钮，将光标置于振荡的第一个波峰上。

⑥ 按下“光标 2”选项按键。

⑦ 旋转多用途旋钮,将光标置于振荡的第二个波峰上。可在 Cursor (光标)菜单中查看时间和频率 Δ(增量)(测量所得的振荡频率)。

⑧ 按下“类型”→“幅度”。

⑨ 按下“光标 1”选项按键。

⑩ 旋转多用途旋钮,将光标置于振荡的第一个波峰上。

⑪ 按下“光标 2”选项按键。

⑫ 旋转多用途旋钮,将光标 2 置于振荡的最低点上。在 Cursor(光标)菜单中将显示振荡的振幅。

(4) 测量脉冲宽度

如果正在分析某个脉冲波形,并且要知道脉冲的宽度,按照以下步骤进行:

① 按下 CURSOR(光标)按键查看 Cursor(光标)菜单。

② 按下“类型”→“时间”。

③ 按下“信源”→CH1。

④ 按下“光标 1”选项按键。

⑤ 旋转多用途旋钮,将光标置于脉冲的上升沿。

⑥ 按下“光标 2”选项按键。

⑦ 旋转多用途旋钮,将光标置于脉冲的下降沿。

此时可在 Cursor(光标)菜单中看到以下测量结果:光标 1 处相对于触发的时间,光标 2 处相对于触发的时间,表示脉冲宽度测量结果的时间 Δ(增量)。

2.4 信号发生器

信号发生器是产生各种波形的信号电源,按信号波形分类,有正弦信号发生器、方波信号发生器、脉冲信号发生器和函数信号发生器等。函数信号发生器能够产生正弦波、方波、脉冲波、锯齿波和三角波等。电路实验中用到的信号发生器,其工作频率一般在低频(音频)范围内。

信号发生器的核心部分是振荡器,振荡器产生的信号放大后作为电压或功率输出。通常,输出电压的幅值可以分挡步级调节和连续调节;有的信号发生器还有衰减开关,以获得小信号电压输出。信号源频率通过频率粗调开关和频率细调旋钮进行调节。对于有功率输出的信号发生器,为了获得最大功率输出,应使信号源的输出阻抗与负载阻抗匹配;当作为电压源使用而不需要功率输出时,信号源输出阻抗应小于负载阻抗。

信号发生器的使用方法与注意事项主要有下列几点:

① 先将输出幅值调到零位,接通工作电源,预热几分钟以后方可进行工作。

② 使用时,将信号源频率调到所需的数值,对于函数信号发生器,还要将转换开关接到选定的波形位置。在确认负载与信号发生器连接无误之后,再将输出电压从零位调到所需的数值。

③ 信号发生器的输出功率不能超过额定值,也不能将输出端短路,以免损坏仪器。

2.5 调压变压器

调压变压器又叫调压器或自耦变压器,是实验室用来调节交流电压的常用设备。

1. 单相调压器

附图 2.5.1 为单相调压器的原理图。使用时，输入电源接在调压器初级的 1、2 端，输出从与输入端 2 相连的 3 端和滑动端 4 引出。改变连接滑块手柄的位置，次级输出电压亦随之改变。其值可以从零调到稍高于初级的输入电压值。例如，若初级电压为 220 V，次级电压可以从 0～250 V 之间连续调节。

使用时要注意下述事项：

① 电源电压必须接到变压器的输入端，并且要与输入端标明的电压值相符，不可接错。

② 为了安全，电源中线应接在输入与输出的公共端钮上(2、3 端)。

③ 电源电压和工作电流不得超过调压器铭牌上所示的额定值。

④ 使用调压器时，每次都应该从零伏开始逐渐增加，直到所需的电压值。因此，接通电源前，调压器的手柄位置应放在零位；使用完毕后，也应随手把手柄调回到零位，然后可以断开电源。

2. 三相调压器

三相调压器是由三台单相调压器接成星形而组成的，如附图 2.5.2 所示。图中，A、B、C、O 为输入端(初级)，a、b、c、o 为输出端(次级)。每相调节电压的滑块固定在同一根转轴上，当旋转手柄即改变滑块位置时，能同时调节三相输出电压，并保证输出电压的对称性。

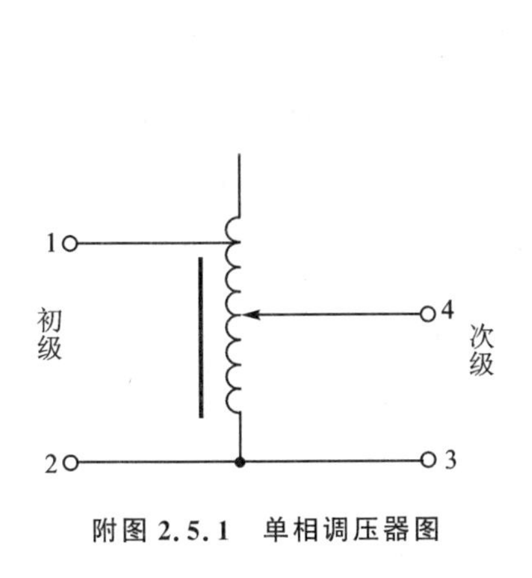

附图 2.5.1　单相调压器图

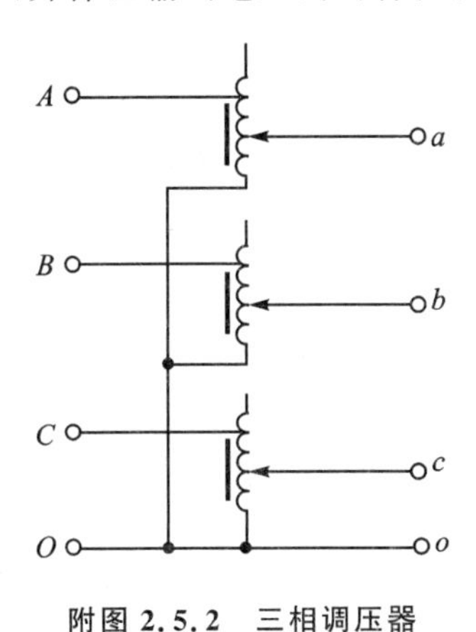

附图 2.5.2　三相调压器

三相调压器的连线端钮较多，接线前要一一核对清楚。根据星形连接的特点，三组调压器的中心点必须连在一起，并与电源中线相接。其他使用注意事项与单相调压器类似。

参考文献

[1] 孟繁钢.电路与电子技术实验指导书[M].北京:冶金工业出版社,2017.
[2] 洪秋媛.电路实验指导书[M].武汉:武汉理工大学出版社,2018.
[3] 李莉,申文达.电路测试实验教程——电工电子技术实验[M].北京:北京航空航天大学出版社,2017.
[4] 鲁昀.电路与系统实验教程[M].北京:高等教育出版社,2017.
[5] 吴雪.电路实验教程[M].北京:机械工业出版社,2017.
[6] 邱关源,罗先觉.电路[M].5版.北京:高等教育出版社,2006.
[7] 祝诗平.电路与电工实验教程[M].北京:科学出版社,2017.
[8] 汪建.电路实验[M].武汉:华中科技大学出版社,2003.
[9] 张静秋.电路与电子技术实验教程[M].北京:中国水利水电出版社,2015.
[10] 张永瑞.电路分析基础[M].4版.西安:西安电子科技大学出版社,2013.